U0150641

第一次全国自然灾害综合风险普查培训教材

危险化学品自然灾害
承 灾 体 调 查

国务院第一次全国自然灾害综合风险普查领导小组办公室　编著

应 急 管 理 出 版 社

· 北　　京 ·

内 容 提 要

　　本书为第一次全国自然灾害综合风险普查培训教材之一，全书共分为 6 章，分别介绍了危险化学品自然灾害承灾体调查的任务内容和基本实施流程；阐述了化工园区承灾体调查、企业（加油加气加氢站除外）承灾体调查、加油加气加氢站承灾体调查的操作流程与填报说明等；对自然灾害引发危险化学品事故机理研究进行了介绍。

　　本书可作为第一次全国自然灾害综合风险普查危险化学品自然灾害承灾体调查的管理与技术人员工作参考用书。

《第一次全国自然灾害综合风险普查培训教材》
编 委 会

本书编写组

主　　编　魏利军

副主编　马大庆　王如君

编写人员　多英全　赵　飞　师立晨　方伟华　杨赛霓

　　　　　王　瑛　王　曦　刘蓓蓓　孙鑫喆　王志强

　　　　　刘建森　常　乐

序 　 一

　　我国是世界上自然灾害最为严重的国家之一,灾害种类多、分布地域广、发生频率高、造成损失重,这是一个基本国情。党中央、国务院历来高度重视自然灾害防治工作,2018 年 10 月 10 日,习近平总书记主持召开中央财经委员会第三次会议,专题研究提高自然灾害防治能力,强调要开展全国自然灾害综合风险普查。按照党中央、国务院决策部署,国务院办公厅印发通知,定于 2020 年至 2022 年开展第一次全国自然灾害综合风险普查,成立了由国务院领导同志任组长的普查工作领导小组,县级以上地方各级人民政府设立相应的普查领导小组及其办公室,按照"全国统一领导、部门分工协作、地方分级负责、各方共同参与"的原则组织实施。

　　全国自然灾害综合风险普查遵循"调查-评估-区划"的基本框架开展,调查是基础、评估是重点、区划是关键。普查涉及范围广、参与部门多、协同任务重、工作难度大,第一次开展地震灾害、地质灾害、气象灾害、水旱灾害、海洋灾害、森林和草原火灾六大类自然灾害风险要素调查、风险评估和区划的全链条普查;第一次实现致灾部门数据和承灾体部门数据有机融合,推动部门数据共享共用,助力灾害风险管理;第一次在统一的评估区划技术体系下开展工作,形成较为完整的自然灾害综合风险评估与区划技术体系。

　　"工欲善其事,必先利其器。"此次普查工作是中华人民共和国成立后首次开展的自然灾害综合风险普查,没有现成模式可套、没有现成经验可循、没有现成路子可走，普查的过程本身就是一个探索创新、积累经验、推动工作的过程。本次普查涉及主体多，国家、省、市、县、乡、村都有普查队伍，各地基础不同，但技术规范和工作目标一致。在这样的情况下，一套专业、权威的教材尤为重要，它不仅仅是普查海量知识呈现的载体，同时也是普查工作者的实操指南。每一本教材都是创新的成果，都凝结着教材编著人员的辛勤汗水，承载着广大普查工作者的期盼。这套教材的编著者均为不同部门、不同领域的专家，同时也是本次普查工作的设计者、推动者和实践者，他们以高度的政治责任感和使命感，以及科学严谨的工作作风，为普查工作倾注了大量心血、汗水和智慧。我谨向他们表示崇高的敬意和衷心的感谢！

这套教材有统有分，注重理论知识与实践操作的紧密结合，突出了科学性、专业性和实用性。希望广大普查工作者能在其中汲取知识，学有所思、学有所获，也希望各级普查办和行业单位能在普查培训中用好这套教材。

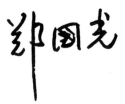

国务院第一次全国自然灾害综合风险普查
领导小组办公室主任
二〇二一年十二月

序 二

为全面掌握我国自然灾害风险隐患情况，提升全社会抵御自然灾害的综合防范能力，经国务院同意，定于 2020 年至 2022 年开展第一次全国自然灾害综合风险普查工作。全国自然灾害综合风险普查是一项重大的国情国力调查，是提升自然灾害防治能力的基础性工作。通过开展普查，摸清全国自然灾害风险隐患底数，查明重点地区抗灾能力，客观认识全国和各地区自然灾害综合风险水平，为中央和地方各级人民政府有效开展自然灾害防治工作、切实保障经济社会可持续发展提供权威的灾害风险信息和科学决策依据。

第一次全国自然灾害综合风险普查是多灾种、系统性和综合性的普查，涉及范围广、参与部门多、协同任务重、工作难度大。对普查工作人员开展广泛的业务培训，建设一支素质高、业务精的普查工作队伍，是保障本次普查工作质量的前提和基础。为提高培训效果，规范普查数据采集、评估与区划工作，确保普查数据和成果质量，国务院第一次全国自然灾害综合风险普查领导小组办公室（简称国务院普查办）精心策划，组织自然灾害风险相关领域专家，围绕《第一次全国自然灾害综合风险普查实施方案（修订版）》，通力合作，编写完成了系列培训教材。本套培训教材体系完整、内容全面，既独立成册又相互补充，形成了较为完整的自然灾害综合风险普查培训教材体系。

参与这次自然灾害综合风险普查培训教材编写工作的人员多，既有应急、地震、自然资源（地质灾害、海洋灾害）、水利、气象、林草、住建、交通等部门的工作人员、技术支撑单位专家，又有相关高校和科研院所的专家学者，还有参与普查试点工作的普查人员。他们需要详细研究吃透实施方案，又要收集整理资料、补充案例；既要体现专业水准，又要满足通俗易懂的需求，为此付出了大量辛勤劳动。教材凝聚了所有编写人员的心血和智慧。在此，谨向所有参编人员表示由衷的敬意和诚挚的感谢！

本套培训教材在编写过程中，始终贯彻以下宗旨。一是通俗易懂，操作性强。以服务普查员为根本目的，突出实用性。教材以好学、易懂、操作性强为原则，简明扼要、浅显易懂地阐述普查内容、技术和方法，避免学术化和理论化表述。二是图文并茂、例证丰富。教材针对普查内容专业性较强的特点，将普查内容、流程、步骤利用图表和文字清晰表达出来，对于一些难点问题教材中引用了实例进行阐释。三是标准统一、特色鲜明。各教材在章节结构、格式体例、出版风格上标准统一，内容又各具特色、完整准确。

本套培训教材在编写完成后，按照国务院普查办安排部署，经主持编写单位专家审核后，由国务院普查办技术组组织全体专家审查，再由国务院普查办主任办公会审定，做到了层层把关，确保了教材培训的质量。

本套培训教材是自然灾害综合风险普查培训的权威工具书，是各级普查人员的重要参考材料，是社会公众了解自然灾害综合风险普查的窗口。希望广大的自然灾害综合风险普查工作人员用好本套培训教材，准确地把握普查的内容和要求。

自然灾害综合风险普查培训教材是第一次编写，教材中的一些不足之处，需在普查实施过程中不断修改和完善。书中疏漏和不妥之处，敬请读者批评指正。

国务院第一次全国自然灾害综合风险普查领导小组办公室技术组组长

应急管理部–教育部　减灾与应急管理研究院副院长

北京师范大学地理科学学部教授

二〇二一年十一月

前　言

　　石油和化工行业是我国国民经济的支柱产业，资源资金技术密集，产业关联度高，经济总量大，对促进相关产业升级和拉动经济增长具有举足轻重的作用。化工园区是推动石油和化工行业结构优化升级的新型化道路。根据中国石油和化学工业联合会园区委员会全国性调研统计，截至2018年底，全国重点化工园区或以石油和化工为主导产业的工业园区共有676家，而这些工业园区由于产业固有的危险特性，导致危险化学品重特大事故时有发生。同时，由于历史、现实等多种因素的影响，还存在着大量未位于化工园区（化工集中区）的危险化学品企业。

　　中国是一个自然灾害多发、频发的国家。根据应急管理部、国家减灾委员会办公室发布的2020年全国自然灾害基本情况，2020年我国气候年景偏差，主汛期南方地区遭遇1998年以来最重汛情；自然灾害以洪涝、地质灾害、风雹、台风灾害为主，地震、干旱、低温冷冻、雪灾、森林草原火灾等灾害也有不同程度发生。全年各种自然灾害共造成1.38亿人次受灾，591人因灾死亡失踪，589.1万人次紧急转移安置；10万间房屋倒塌，30.3万间严重损坏，145.7万间一般损坏；农作物受灾面积$1.99577\times10^5\ km^2$，其中绝收$2.7061\times10^4\ km^2$；直接经济损失3701.5亿元。

　　而我国城镇化进程的不断加快，导致容易遭受地震、海啸、雷电、洪水、热带气旋灾害和其他自然灾害的高度工业化和城市化的地区最具发生自然灾害和工业事故的耦合灾难事故的可能性。2005年11月，吉林石化江北化工区的吉林石化公司双苯厂发生特大燃爆事故，造成8人死亡，1万多名群众疏散，导致松花江严重污染。2008年，汶川地震引发区域内相关化工企业危险化学品事故，什邡市鎣峰实业有限公司化肥厂液氨球罐连接管道破裂，逾百吨液氨全部泄漏。什邡宏达化工股份有限公司化肥厂也发生硫黄燃烧、液氨泄漏和硫酸泄漏等事故。2011年8月8日，台风"梅花"影响大连金州开发区福佳大化PX工厂，导致附近堤坝垮塌，造成储罐区被淹，随后引发大连PX群体性事件。2013年，"11·22"中石化东黄输油管线特别重大事故，不仅造成62人死亡，而且泄漏的原油造成胶州湾严重污染。2015年8月12日，位于天津滨海新区塘沽开发区的天津东疆保税港区瑞海国际物流有限公司所属危险品仓库发生特别重大火灾爆炸事故，造成165人死亡，8人失踪，财产损失巨大，社会影响极为恶劣，而此生产安全事故引发后续的环境污染、群体性事件等，也反映了多灾害耦合事故相互影响，扩大了危害，增加了应急处置的难度。危险化学品企业或化工园区多灾种耦合事故表明在工业化、城市化过程中，安全生产、防灾减灾、环境保护、公共卫生、社会安全形势更加脆弱、复杂、严峻，不同类型的突发事件之间联系更加紧密，很容易相互转化。因此各种自然灾害引发化工园区（化工集中区）各种原生、次生以及衍生灾害相互耦合、演化，可能引发城市巨灾事故。

为贯彻落实习近平总书记关于提高自然灾害防治能力重要论述精神，按照党中央、国务院决策部署，根据《国务院办公厅关于开展第一次全国自然灾害综合风险普查的通知》要求，依据整体工作部署，针对我国危险化学品自然灾害承灾体存量底数不清、自然灾害设防性能参差不齐的现状，中国安全生产科学研究院组织专家编制了

《危险化学品自然灾害承灾体调查技术规范》，用于指导全国危险化学品自然灾害承灾体调查工作。为了便于各级普查工作人员更好地理解规范，做好危险化学品自然灾害承灾体调查工作，故编制本书。

本书编写组

2021 年 9 月

目　　　次

第一章 调查任务和内容

第一节 调查任务及主要内容

一、调查任务

通过组织开展第一次全国自然灾害综合风险普查，摸清全国自然灾害风险隐患底数，查明重点区域减灾能力，客观认识全国和各地区自然灾害综合风险水平，为中央和地方各级政府有效开展自然灾害防治和应急管理工作、切实保障经济社会可持续发展提供权威的自然灾害风险信息和科学决策依据。

危险化学品自然灾害承灾体调查是全国自然灾害综合风险普查中承灾体调查的重要组成部分。根据危险化学品自然灾害承灾体调查相关技术规范，开展第一次全国危险化学品自然灾害承灾体调查，掌握危险化学品自然灾害［地震地质灾害、气象灾害（雷电、台风/大风）、洪水灾害等］承灾体基本情况和空间分布及灾害属性特征，摸排全国危险化学品自然灾害承灾体设防达标情况，查明重点地区危险化学品自然灾害承灾体设防能力及防灾减灾救灾能力，客观认识全国危险化学品自然灾害承灾体风险程度，构建全国危险化学品自然灾害承灾体数据库，建立中国化工园区分布图。危险化学品自然灾害承灾体调查是一项基础性的工作，调查结果可为基层安全生产和应急管理、减灾能力评估、灾害风险评估提供可靠的本底数据。

1

二、调查主要内容

危险化学品自然灾害承灾体调查主要是获取化工园区（化工集中区）、危险化学品企业等承灾体的地理空间分布、危险化学品种类与数量、设防水平、灾害防御能力、应急保障能力等属性特征。

（一）调查工作基础

本次危险化学品自然灾害承灾体调查工作可用目前应急管理部推进建立的全国危险化学品安全生产风险监测预警系统，以获取危险化学品企业重大危险源的基本统计信息，也可用部分省、市、县建立的有关化工园区（化工集中区）、危险化学品企业等危险化学品安全生产数据，包括安全生产许可信息、安全现状评价报告、设计平面图等资料，但是缺乏对化工园区（化工集中区）基础信息、设防水平、灾害防御能力、应急保障能力等灾害属性信息，也缺少对危险化学品企业设防水平、应急保障能力等灾害属性信息。

（二）工作原则

（1）统一部署，分级实施。省级政府相关部门统一组织，县级政府相关部门负责实施，充分发挥基层部门的作用。省级政府相关部门统一组织编制实施方案和进度计划，落实实施管理和监督责任，监督检查调查质量和进度，建立调查成果数据库。

（2）因地制宜，构建体系。充分利用各地已有的信息系统，统一数据指标体系，建立全国危险化学品自然灾害承灾体数据库平台。

（3）先试点后全部。调查工作首先在试点地区开展，试点完成后，根据试点地区反映出的相关问题对调查方式和内容进行修改完善后，在全国范围内全面开展。

（4）在地原则。当企业注册地和危险化学品生产储存场所不同时，或者当一个企业有多个储存场所隶属于不同行政区域时，按照"在地原则"进行调查。

（三）工作内容

采取面状调查和单点调查相结合的方式，重点对化工园区（化工集中区)、危险化学品企业等自然灾害承灾体的基本属性和灾害属性特征进行调查,对分布的空间位置进行核查。

1. 化工园区(化工集中区)调查

调查化工园区(化工集中区)地理空间分布、设防水平、应急保障能力等信息,详见《化工园区基本情况调查表》(附录三)。提交化工园区安全风险评价(评估)报告、规划文本(总体规划和/或控制性详细规划)、相关规划图(总体布局图、产业布局图、地块控制规划图等)等文本图像资料。

2. 危险化学品企业调查

更新危险化学品企业基础信息,补充调查地理空间分布、设防水平、灾害防御能力、应急保障能力等灾害属性信息,详见《企业基础信息调查表》(附录四)、《重大危险源企业危险源信息台账表》(附录五)、《加油加气加氢站基础信息调查表》(附录六)。企业(加油加气加氢站除外)需提供企业平面布置图,危险化学品企业还需提供安全评价(评估)报告。

第二节 调查对象与范围

危险化学品自然灾害承灾体调查范围包括:

(1)在建或建成的化工园区(化工集中区)和处于园区内的所有企业。

(2)未处于化工园区(化工集中区)的危险化学品企业。

化工园区(化工集中区)是指由多个相关联的化工企业构成,以发展石化和化工产业为导向,地理边界和管理主体明确,基础设施和管理体系完善的工业园区。包括有关部门批准设立或认定的专业化工园区(化工集中区)以及各类开发区中相对独立设置的化工园(区)。由于历史等因素,各地化工园区(化工集中区)的设立情况不同。目前,全国各省(自治区、直辖市)已经陆续开展了化工园区认定工作,但存在着前期设立的化工园区(化工集中区)未经认定（或正在认定中）的情况。为增加调查的有效性和准确性，此次调查以化工园区（化工集中区）的设立为准，不以认定结果为准。即 2020 年 12 月 31 日之前设立的化工园区、化工集中区，无论是省、市、县哪个层级设立的，均应纳入调查范围。

危险化学品企业主要指取得安全许可或港口经营许可或燃气经营许可的企业。使用危险化学品且构成重大危险源并备案的非化工企业，按照危险化学品企业的要求进行调查。

在完成上述化工园区（化工集中区）、危险化学品企业调查的基础上，各地可根据本地区危险化学品产业类型以及调查能力（人力、物力、财力）大小，自行组织对未处于化工园区（化工集中区）的白酒企业、烟花爆竹企业以及陆上石油天然气开采等企业的调查。

已经停产关闭的危险化学品企业，不在此次调查范围之内。

以下未处于化工园区（化工集中区）的危险化学品企业不在调查范围之内：

（1）不含仓储的危险化学品票据经营企业。

（2）运输（包括铁路、道路、水路、航空、管道等运输方式）企业。

（3）军事设施、核设施。

（4）海上石油天然气开采平台。

第二章　基本实施流程

第一节　任　务　分　工

危险化学品自然灾害承灾体调查采取"自下而上"的原则，国家层面由应急管理部负责，省、市、县各级政府具体实施。具体为县级组织开展化工园区（化工集中区）、危险化学品企业自然灾害承灾体调查和数据自检；市级组织开展县级调查数据的质检与审核；省级组织开展调查数据的核查与成果分析评估；国家级对各省级调查数据（成果）进行质检、审核与成果分析评估。

调查信息填报、质检、汇总等工作在普查统一开发的软件系统平台上完成。各级应急管理部门负责组织协调化工园区（化工集中区）、危险化学品企业参与调查，辖区内燃气管理、港口管理、商务、自然资源、气象、水务等部门共同配合完成本辖区内调查工作。

一、应急管理部

应急管理部负责技术指导，制作并提供调查工作底图；负责编制技术标准规范、培训教材和组织技术培训；负责指导地方开展调查工作、汇总审核上报数据，形成国家数据、图件和文字成果。

二、省级应急管理部门

省级应急管理部门主要有两部分工作：一是制定本省的调查实施方案，并成立省级普查工作组；二是负责培训市级普查工作组相关技

5

术，汇总审核上报的数据，并上报至应急管理部。

省级普查工作组负责培训市级普查工作组相关技术，汇总审核上报的数据，资料汇总过程中负责做好资料完整性的审核工作，确保调查资料收集的完整性。同时，根据收集的《化工园区基本情况调查表》（附录三）、《企业基础信息调查表》（附录四）、《重大危险源企业危险源信息台账表》（附录五）和《加油加气加氢站基础信息调查表》（附录六）电子版资料，采用分层典型抽样的方法确定需要实地抽查的化工园区（化工集中区）和危险化学品企业，核实所收集的电子版资料的可靠性和准确性。原则上省级普查工作组实地抽查或检查本省（自治区、直辖市）内的所有国家级/省级化工园区，并抽查一定比例的市级化工园区（化工集中区）以及构成一级重大危险源的化工企业。

省级普查工作组负责完成本区域调查结果判定及资料汇总工作，组织危险化学品自然灾害承灾体调查的专业人士根据调查结果撰写本省的危险化学品企业调查工作报告和成果分析报告，同时将报告和调查资料上报至应急管理部。

三、市级应急管理部门

市级应急管理部门主要有三部分工作：一是制定本市的调查实施方案，成立市级普查工作组；二是负责培训县级普查工作组相关技术，汇总审核上报的数据，并上报至省级应急管理部门；三是负责完成市级的危险化学品自然灾害承灾体调查工作。

市级普查工作组负责做好市级资料汇总过程中资料完整性的审核工作，确保调查资料收集的完整性。同时根据收集的《化工园区基本情况调查表》（附录三）、《企业基础信息调查表》（附录四）、《重大危险源企业危险源信息台账表》（附录五）和《加油加气加氢站基础信息调查表》（附录六）电子版资料，采用分层抽样的方法确定需要实地抽查的化工园区（化工集中区）和危险化学品企业，核实所收集的电子版资料的可靠性和准确性。

实地抽查工作由市级普查工作组负责。实地抽查化工园区（化工集中区）和危险化学品企业的数量可根据当地实际情况确定，原则上市级普查工作组实地抽查或检查本市的市级化工园区（化工集中区）且比例不小于80%，并抽查一定比例（具体由各地自行决定）的县级化工园区（化工集中区）以及一定数量的危险化学品企业，且危险化学品企业抽查数量不得小于本市危险化学品企业总数的5%。由市级普查工作组中危险化学品相关专业人士根据调查信息及现场影像资料，依据相关规范标准评定危险化学品自然灾害承灾体的性能，形成调查报告。

市级普查工作组负责完成本区域调查结果判定及资料汇总工作，并将资料上报至省级普查工作组。上报资料包括《化工园区基本情况调查表》(附录三)、《企业基础信息调查表》(附录四)、《重大危险源企业危险源信息台账表》(附录五) 和《加油加气加氢站基础信息调查表》(附录六) 电子版资料以及相关现场影像资料、相关图纸资料的电子版及调查报告（加盖市应急管理部门公章）。

四、县级应急管理部门

县级应急管理部门主要有三部分工作：一是制定本县的调查实施方案，并成立县级普查工作组；二是调查、审核、汇总上报的数据，并上报至市级应急管理部门；三是负责完成县级的危险化学品自然灾害承灾体调查工作。

县级普查工作组分为内、外业普查组，按照《危险化学品自然灾害承灾体调查技术规范》的要求，通过普查软件平台填报《化工园区基本情况调查表》(附录三)、《企业基础信息调查表》(附录四)、《重大危险源企业危险源信息台账表》(附录五) 和《加油加气加氢站基础信息调查表》(附录六)，并将现场收集的影像资料进行汇总。县级普查工作组应指导辖区内所有化工园区（化工集中区）以及未处于园区的危险化学品企业填报数据，并实地抽查全部园区以及部分企业的数据填报工作。由县级普查工作组中危险化学品相关专业人士根据调查信息及现场影像资料，依据相关规范标准评定危险化学品自然灾害承灾体的性能，形成调查报告。

县级普查工作组负责完成本区域调查结果判定及资料汇总工作，并将资料上报至市级普查工作组。上报资料包括《化工园区基本情况调查表》（附录三）、《企业基础信息调查表》（附录四）、《重大危险源企业危险源信息台账表》（附录五）和《加油加气加氢站基础信息调查表》（附录六）电子版资料以及相关现场影像资料、相关图纸资料的电子版及调查报告（加盖县应急管理局公章）。

第二节　工　作　流　程

一、准备阶段

准备阶段各部门各司其职，其中：应急管理部负责制定相关技术标准及规范、开展技术培训、负责技术指导等工作；省级应急管理部门下发工作实施方案和工作部署安排，会同各部门共同推进调查工作的有序进行；市级应急管理部门负责具体工作部署安排；县级应急管理部门负责组织具体危险化学品自然灾害承灾体调查工作。各级应急管理部门均需成立工作组，其中省级工作组必须包含化工或安全专业技术人员，配备专门的工作联络人员。

二、启动阶段

启动阶段包含工作动员部署及业务培训两项内容。启动阶段是调查实施前的关键阶段，该阶段任务的完成情况直接影响调查工作的完成度。两项内容均由省级政府相关部门根据当地情况组织开展。

（1）工作动员部署。需要省、市、县通过动员工作明确调查工作的要求、重要性、意义，明确各级政府及相关部门的工作职责和相应工作部署。

（2）业务培训。承担国家级任务的专业队伍须在开展调查工作前通过国家组织的培训；参加省级或市/县级任务的专业队伍须在开展调查工作前通过国家级或省级组织的培训；专业队伍中应有60%以上的技术人员通过培训。业务培训工作可采用线下、线上相结合的方式，且应结合试点中的相关案例，根据《危险化学品自然灾害承灾体调查技术规范》和本书，组织各级应急管理部门、工作组、工作人员深入学习危险化学品自然灾害承灾体调查的流程、操作方法及相关工作技术要点。

三、危险化学品自然灾害承灾体调查

调查工作以县级行政区域为基本单元组织开展，按照"在地原则"，由县级人民政府负责落实具体调查任务。县级人民政府组织辖区内应急管理、燃气管理、港口管理、商务、自然资源、气象、水务等部门共同完成本辖区内调查工作。其中，应急管理部门为责任主体部门，负责统筹、协调调查工作，汇总、核查调查成果。具体流程包括清查、调查、数据审核三个环节。

（一）清查

清查阶段主要是为了摸清本辖区内调查对象目录、基本情况和分布状况，清查信息见表2-1。清查工作利用统一开发的软件开展。软件中包括基础底图"天地图"，为全国清查提供统一的时空基准、地理参考，方便各级清查人员对周边环境进行识别和定位。

表2-1　危险化学品自然灾害承灾体清查表

序号	指标名称	化工园区（化工集中区）	未处于化工园区（化工集中区）的危险化学品企业	加油加气加氢站
1	单位名称	园区名称	企业名称	企业名称
2	对象分类	化工园区（化工集中区）	危险化学品企业	加油站、加气站、加氢站、合建站

表 2-1（续）

序号	指标名称	化工园区（化工集中区）	未处于化工园区（化工集中区）的危险化学品企业	加油加气加氢站
3	单位地址	详细地址信息	详细地址信息，精确到门牌号	详细地址信息，精确到门牌号
4	企业数量	化工园区内企业数量	—	—
5	位置信息	点状空间数据*	点状空间数据*	点状空间数据

注：* 化工园区（化工集中区）、危险化学品企业位置信息，在调查阶段需提供面状空间数据。

清查工作由县级应急管理部门负责组织协调调查对象的清查，汇总本县内所有调查对象清查成果，并逐级上报至市级、省级、国家级应急管理部门，形成全国清查成果。

（二）调查

调查阶段工作由化工园区（化工集中区）或危险化学品企业所在地县级（含）以上人民政府组织辖区内应急管理部门、港口管理部门、燃气管理部门、化工园区管委会、企业等共同完成。

由化工园区管委会或管理化工园区的人民政府指定某个部门提供化工园区（化工集中区）资料，并如实填报《化工园区基本情况调查表》（附录三）。提供的文本图像资料包括化工园区安全风险评价（评估）报告（word 或者 pdf）、规划文本（总体规划和/或控制性详细规划，word 或者 pdf）、相关规划图（总体布局图、产业布局图、地块控制规划图等，CAD 或者 JPG）等。

企业（加油加气加氢站除外）资料由企业负责填报。化工园区（化工集中区）内所有企业以及未处于化工园区（化工集中区）的危险化学品企业均需提供企业平面布置图（CAD，中小企业如无法提供 CAD 可提供 JPG 文件），如实填报《企业基础信息调查表》（附录四）。危险化学品企业提供安全评价（评估）报告（word 或者 pdf）。构成重大危险源的企业如实填报《重大危险源企业危险源信息台账表》(附录五)。

加油加气加氢站资料由企业负责填报，仅需填报《加油加气加氢站基础信息调查表》(附录六)。

（三）数据审核

各化工园区（化工集中区）或企业相关责任人负责相应调查对象调查指标信息的统计。县级应急管理部门负责本辖区所有调查数据成果的汇总和自检。按照化工园区/企业—县级应急管理局—市级应急管理局—省级应急管理厅（局）—应急管理部的流程，将调查数据成果逐级审核、上报、汇总，形成国家级调查成果库。

四、核查汇总

为确保调查数据的真实有效，调查成果应进行县、市、省、国家各层级的核查检验。

各县级普查工作组负责对本区域资料进行完整性审核和抽样实地校核。核查实地调查的危险化学品自然灾害承灾体数据时，采用分层抽样的方法，抽查数量可根据当地实际情况确定。抽样调查结果应同前期调查结果进行比对，如果个别调查区域出现差异大于 10% 的情况，应责令整改，并在整改完成后，对该地区按之前 2 倍的抽样数量且必须包含被责令整改的区域以及小组所负责的其他区域进行第二次抽样调查，直至比对结果符合要求为止。符合要求后的数据上传汇总提交市级普查工作组。市级普查工作组对资料进行完整性审核和抽样实地校核，根据上述抽样方式进行核查，符合要求后上传汇总提交省级普查工作组。省级普查工作组对资料进行审核和抽样实地校核，符合要求后由省级应急管理部门统一向应急管理部汇交调查成果。调查登记、数据核查、数据汇总等各环节实行质量验收制度。验收不合格的必须返工，并二次验收，直至达到规定的质量验收标准方可转入下一工作环节。

五、数据核查

国家级数据核查由应急管理部组织专业技术团队开展核查工作，根据汇总上报的危险化学品自然灾害承灾体调查的数据，在利用可靠技术手段进行整体核查检验的基础上，进一步结合抽样校核的方式（核查比例不小于 5%）开展实地数据核查工作。通过与上报的调查数据的对比，给出数据质量达标情况的分析报告。对于不满足质量要求的数据，需重新进行补充调查。

六、成果

通过数据共享和承灾体实地调查工作，全面获得国家、省、市、县四级行政单元主要类型承灾体分布、类型、数量和设防水平等信息，形成承灾体调查系列成果。

（一）数据成果

数据成果指危险化学品自然灾害承灾体数据集。各省（自治区、直辖市）汇总本辖区内所有化工园区（化工集中区）、未处于化工园区的危险化学品企业的数据，并能在应急管理部统一开发的软件平台中根据权限进行查询、修改和反馈。

（二）图件成果

图件成果为××省（自治区、直辖市）化工园区分布图。各省（自治区、直辖市）汇总本辖区内所有化工园区（化工集中区）的卫星/航拍影像地图，并要满足如下要求：

（1）应采用和提供优于 1 m 分辨率卫星/航拍影像地图。

（2）提供的化工园区（化工集中区）卫星/航拍影像地图，应保证园区四至范围清晰明确。

（3）提供的化工园区（化工集中区）卫星/航拍影像地图为近 5 年的影像地图。

（三）文字报告成果

文字报告成果包括各级危险化学品企业调查工作报告和成果分析

报告。参照《××省/市/县危险化学品企业调查工作报告和成果分析报告》(附录七)。

第三节 工 作 方 法

工作方法包括企业数据统计共享、现场采集、核查、补测以及档案查询等手段。遵循"在地统计"的原则对化工园区（化工集中区）以及危险化学品企业开展清查和调查工作。应急管理部门可协调当地港口管理部门、燃气管理部门协同制定调查工作重点。

危险化学品自然灾害承灾体调查主要是利用统一开发的软件进行。在普查软件中选取与实地相对应的化工园区（化工集中区）或者企业进行详细调查，填写调查的危险化学品自然灾害承灾体属性信息，填写完成后，形成符合危险化学品自然灾害承灾体调查技术规范要求的调查成果。

现场调查完成后，通过普查软件平台填报《化工园区基本情况调查表》(附录三)、《企业基础信息调查表》(附录四)、《重大危险源企业危险源信息台账表》(附录五) 和《加油加气加氢站基础信息调查表》(附录六)，并和现场收集的影像资料汇总至县级普查工作组。县级普查工作组负责完成本区域调查结果判定及资料汇总工作，并将资料上报至市级普查工作组。

市级普查工作组负责各县级普查工作组上报资料的审核工作，可采用分层抽样的方法进行现场查验审核，确保县级上报数据的真实性、完整性，并将资料汇总上报省级普查工作组。

省级普查工作组可采用分层抽样的方法进行现场查验审核，确保市级上报数据的真实性、完整性，并将资料汇总上报应急管理部。

各级以普查工作组为单位撰写工作进展日志，采用甘特图等形式记录工作进度。基于此形成工作报告，方便调查工作溯源。

第四节 保 障 措 施

一、组织保障

（一）组织实施机构

国家层面组建普查部际协调工作组，做好灾害综合风险普查和常态化业务工作的有机衔接，落实普查实施的相关决策部署，解决第一次全国自然灾害综合风险普查项目论证和实施中的重大问题，指导督促各部门按照任务分工抓好责任落实，指导地方推进普查实施。

部际协调工作组由应急管理部牵头，发展改革委、财政部、工业和信息化部、自然资源部、生态环境部、住房和城乡建设部、交通运输部、水利部、农业农村部、统计局、中国科学院、中国工程院、气象局、林草局和中央军委联合参谋部等部门参加。部际协调工作组办公室设在应急管理部风险监测和综合减灾司，主要负责日常工作协调，定期汇总普查实施进展，研究提出普查实施的建议，组织筹备召开协调工作会议，推动落实协调工作会议议定事项。

地方成立相应的协调机构或领导小组及办公室，加强对普查的组织领导，研究解决普查实施中的重大问题。

（二）调查机构

具体调查工作，有能力独自完成任务的应急管理部门可自行开展调查；无能力独自完成的，可按照《中华人民共和国政府采购法》相关规定，由专业队伍承担。

自行开展调查的县级单位，由省级普查办公室审核，报全国普查办公室备案，并组织相关人员参加相应的培训。

按照《中华人民共和国政府采购法》选择的专业队伍应具备以下条件：

（1）具有独立的法人资格。

（2）具有一定的普查工作经验（近 5 年承担过普查任务）或者危险化学品安全管理经验（近 5 年承担过 10 项以上化工园区评价或评估工作）。

（3）具有健全的技术和质量管理制度。

（4）具有中、高级职称的专业技术人员。

（5）承担国家级任务的专业队伍须在开展调查工作前通过国家组织的培训，参加省级或市县级任务的专业队伍须在开展调查工作前通过国家级或省级组织的培训。

（6）专业队伍中应有 60% 以上技术人员通过培训。

二、政策保障

（1）编制第一次全国自然灾害综合风险普查系列规程规范和技术标准，包括技术规程、数据库标准、成果检查验收办法等。

（2）充实调查工作人员和技术队伍，保证调查经费，并加强经费监督审计。各地及时将调查数据报国家汇总，保证国家普查数据全面、准确、客观、现势。

三、技术保障

（一）统一技术标准规范

执行统一的普查标准和规范。国家层面组建普查技术组，综合分析各部门常态化灾害风险普查和隐患排查、风险评估和区划已有成果及业务现状，做好灾害综合风险普查的技术框架设计，做好实施方案、技术标准规范和培训教材的编制，制定统一的成果检查验收办法，牵头负责综合风险普查立项论证、技术指导和总结等工作。省级普查办公室根据国家制定的统一标准和规范，结合本省情况，制定相应的细则。市、县级普查办公室，依据国家、省制定的普查规范、标准和细则，制定普查的具体方案。

（二）采用高新技术和先进设备

在执行统一标准和规范的同时，充分利用现有设备，进一步充实、完善普查工作的软、硬件环境。充分应用成熟、实用的现代高新技术手段，以遥感、地理信息系统、全球定位系统、互联网+和网络技术为核心，全面提升普查的科技含量。

（三）加强技术指导与咨询

全国自然灾害综合风险普查办公室和地方自然灾害综合风险普查办公室成立技术专家组，对普查中遇到的重大技术问题进行研究解决。邀请部分涉灾行业领域的专家、领导及知名人士，组成专家咨询委员会，通过巡查、咨询、考察及时掌握各地工作动态和普查进度，及时发现、研究和解决重大政策问题。

四、机制保障

（一）引入竞争机制

依据《中华人民共和国政府采购法》和政府购买服务的相关要求，按照"公平、公正、公开"的竞争原则，择优选择技术强、信誉好、质量高的普查单位和项目监理单位，以合同方式约定双方职责、项目任务、成果质量，以及项目进展要求、经费支付方式等。

（二）建立检查验收制度

各地采取切实的保证措施，严格检查验收制度，确保普查数据、图件与实地三者一致。本次普查采用分阶段成果检查制度，每一阶段成果需经检查合格后方可转入下一阶段，避免将错误带入下一阶段工作，保证成果质量；执行分级检查验收制度，普查结束后逐级汇总上报普查成果，国家、省、市、县级分级负责检查验收。同时，为加强成果质量检查力度，国家对省级成果进行全面的内业检查，并对重点地区、重点普查项进行外业抽查核实，确保普查数据、图件与实地三者一致。

（三）专项资金管理制度

第一次全国自然灾害综合风险普查项目专项资金，依据相关的财务会计规定严格管理，专款专用，严禁挪用，并制定相应的财务管理制度。依照批准的经费预算，按任务提出年度预算，列入部门预算。

根据项目进度和质量评估情况，按项目合同向项目承担单位拨付资金。项目承担单位的专项资金的使用接受财务和审计部门的监督和审计。

（四）建立质量保障目标责任制

普查对数据真实性实行分级目标责任制，每个普查区设立第一责任人，将数据真实性与干部考核挂钩。为保证普查成果客观、真实和准确，避免主观人为干扰和弄虚作假，所有普查成果应全部留档，确保全过程可溯源检查。

（五）建立项目监理制度

有条件的地区，通过招投标确定技术力量强、信誉好、质量把关严的单位为项目监理单位，推行项目监理制。没条件的地区，也可从项目承担单位抽调技术人员交叉监理，全程跟踪监督项目进展和成果质量。

项目监理机构在规定的权利和职责下开展日常监理工作。项目监理实施前须制定规范的项目监理规划和项目监理实施细则，明确项目委托方、监理机构和项目承担方的权利和职责。项目监理实施须满足相关国家或行业标准的要求。

（六）建立事后评估制度

第一次全国自然灾害综合风险普查数据汇总后，由统计部门组织开展事后评估，对普查数据质量进行综合评估。

五、经费保障

第一次全国自然灾害综合风险普查经费以地方保障为主，地方各级政府要确保经费落实到位。中央承担中央本级相关支出和跨省（自治区、直辖市）相关支出，并通过专项转移支付给予地方适当补助。目前已安排各领域的常态化风险普查工作经费要优先用于普查工作，普查工作结束后按原渠道安排使用。根据普查任务和计划安排，列入相应年度的财政预算，按时拨付，确保足额到位，保障普查工作的顺利进行。

六、共享应用

充分利用第一次全国地理国情普查、第一次全国水利普查、第三次全国国土普查、第三次全国农业普查、第四次全国经济普查、地震区划与安全性普查、重点防洪地区洪水风险图编制、全国山洪灾害风险普查评价、地质灾害普查、第九次全国森林资源清查、草地资源普查、全国气象灾害普查试点、海岸带地质灾害普查等专项普查的评估成果，系统梳理第一次全国自然灾害综合风险普查建设产生的新数据资料，建立共享目录，建设集成系统，实现相关数据资料的多部门共建共享，支撑开展灾害综合风险普查与常态化灾害风险普查和隐患排查业务工作。

普查进程中形成的普查成果，可随时与各部门共享并用于宏观调控和各项管理。第一次全国自然灾害综合风险普查基本数据，经国务院批准后，向社会公布。普查相关成果由各部门共享，充分发挥普查成果在服务经济发展和社会管理、支撑宏观调控和科学决策中的基础作用。同时，通过成果集成，满足科学研究、社会公众等对灾害风险成果资料的需求，实现普查成果广泛应用。

第三章 化工园区承灾体调查

第一节 调查操作流程

一、调查准备

（一）组建调查组

调查组不少于 5 人，其中化工或安全工程相关专业不少于 2 人，高级工程师不少于 2 人，组长须具有丰富的调查评估工作经验。调查人员需经专业培训，身体健康，工作认真负责，具有一定的化工专业知识和分析处置病害能力，同时具备一定的照相技术。资料调查、现场检查、记录、拍照应分工明确并协调配合。

（二）制定调查工作流程

（1）确定县内化工园区（化工集中区）的数量和名称，做好化工园区（化工集中区）清查工作。

（2）联系化工园区管委会或者属地应急管理部门，协调调查时间和安排。

（3）内外业现场调查。积极组织人力、物力按计划安排对化工园区（化工集中区）进行内外业调查。

二、数据汇交

（一）资料整理

对化工园区（化工集中区）档案资料调查和化工园区（化工集中区）外业调查的全部成果进行整理，并核查档案资料与外业调查结果不一致处。

（二）成果资料核查

根据内业档案资料和《化工园区基本情况调查表》（附录三）填报情况，进行外业复核，核查化工园区（化工集中区）填报资料是否准确、是否漏项、用词是否规范、调查工作是否满足要求等。若出现疑问、错误等问题，查找原因，立即解决，必要时重新对化工园区（化工集中区）进行调查。

三、质量控制

（一）质量标准

（1）科学的管理。认真执行国家和地方强制性技术标准、规范和规程的要求，结合实际情况制定完整的质量管理体系并持续改进，确保管理的科学性和调查行为客观真实的公正性。

（2）可靠的质量。遵守国家有关法律、法规，依据检定规程、规范和标准，选用符合标准要求的调查设备，确保调查结果准确无误。

（3）良好的服务。按要求及时完成化工园区（化工集中区）调查工作，对调查工作中发现的问题及时处理、认真调查、客观分析、明确责任。

（二）质量控制关键环节

（1）建立完善的调查组，实行组长负责制。明确各岗位的质量职责并落实到人，各项调查工作定岗定员，确保调查质量合格。

（2）化工园区（化工集中区）调查工作开展前做好前期准备工作，针对化工园区（化工集中区）的位置、企业类型和数量、所属区域等，制定相应的调查方案。调查时，严格按照化工园区（化工集中区）调查方案规定的内容进行调查，确保化工园区（化工集中区）调查工作的顺利进行。

（3）严格按照相关规范及标准要求进行现场调查及资料调查，正确记录、保存数据。对调查资料进行正确处理，以保证调查资料的准确性。

（三）质量控制具体措施、手段、方法

严格贯彻质量方针，按照质量管理体系运作，确保化工园区（化工集中区）调查质量，并针对化工园区（化工集中区）制定切实可行的质量控制流程。

（1）按照质量管理体系对化工园区（化工集中区）调查的全过程进行质量管理，保证各项工作质量。

（2）选派具有高级工程师及以上职称、专业技术过硬、知识面广并且组织协调能力强的复合型人才担任组长；选派具有丰富工作实践经验的高级工程师及以上职称的技术人员担任副组长；选派具有调查经验的调查人员组成调查工作组进行调查工作。调查过程记录及结果按质量管理体系要求进行审核、批准，确保化工园区（化工集中区）调查过程和最终调查结果质量。

（3）认真做好前期调查工作。积极主动地协调与化工园区（化工集中区）调查相关的各单位关系，并及时汇报工作状况，做好相互间的良好沟通，以保证调查方案可行，为化工园区（化工集中区）调查顺利实施奠定基础。

（4）加强内部评审。由化工安全专业资深专家在调查方案制定、调查结果质量、内部评审程序等关键技术环节进行技术指导和建议，进一步提高化工园区（化工集中区）调查工作的质量。

（5）可以以组为单位撰写工作进展日志，采用甘特图等形式记录工作进度。基于此形成工作报告，方便调查工作溯源。

第二节 调查表填报说明

化工园区调查对象为已建和规划的化工园区（化工集中区），须形成《化工园区基本情况调查表》(附录三)。主要调查内容为园区概况、供配电、给排水、应急救援，具体见表3-1。

当化工园区（化工集中区）非独立存在，而是以"园中园"形式存在时，仅统计化工园区（化工集中区）内的企业。各指标项内容以化工园区（化工集中区）这一子（孙）园区内的数据为准。若部分指标（如供水、供电等）无法从化工园区（化工集中区）这一子（孙）园区层级获得，可从整个工业园区层级获得所需的基础数据。

表 3-1　化工园区基本情况调查表

_____省（自治区、直辖市）_____地（市、州、盟）_____县（区、市、旗）

行政区划代码：□□_□□_□□

填报单位（盖章）：

指　标　名　称	计量单位	代码	填报信息
一、园区概况	—	—	—
园区名称	（文字说明）	01	
详细地址	（文字说明）	02	
园区设立时间	（年/月）	03	
园区认定情况	（单选）	04	
园区四至范围内近 10 年发生泥石流（含滑坡）次数	次	05	
园区内企业数量	家	06	
园区内危险化学品企业数量	家	07	
①危险化学品生产企业数量	家	08	
②危险化学品经营（储存）企业数量	家	09	
③使用危险化学品从事生产的化工企业数量	家	10	
④除①②③三类之外的其他企业	家	11	
二、供配电	—	—	—
电源路数	路	12	
公用变电站数量	个	13	
园区电厂数量	个	14	

表 3-1（续）

指 标 名 称	计量单位	代码	填报信息
三、给排水	—	—	—
供水能力	10^4 t/d	15	
用水负荷	10^4 t/d	16	
污水处理能力	10^4 t/d	17	
最大污水排放量	10^4 t/d	18	
园区公共事故应急池	m^3	19	
四、应急救援	—	—	—
园区是否有应急救援和指挥信息平台	（是/否）	20	
是否有专职的危险化学品应急救援队伍	（是/否）	21	
公用管廊是否进行统一管理	（是/否）	22	

单位负责人：　　　　　　　统计负责人：　　　　　　　填表人：

联系电话：　　　　　　　　报出日期：　　年　月　日

一、填报单位

如果化工园区（化工集中区）设立了园区管委会，则该表由园区管委会填写；如果化工园区（化工集中区）未设立园区管委会，则由县级应急管理部门负责组织填报。

二、调查指标在普查平台的代码、约束条件及示例

代　　　码：01。

指标名称：园区名称。

指标解释：园区名称以当地政府批复文件为准，不用简称。

约束条件：必填。

示　　　例：××经济技术开发区。

————————————————————————

代　　　码：02。

指标名称：详细地址。

指标解释：该项填写乡镇或街道门牌号地址即可，如无法确定门牌号，可填写园区主入口门牌号地址。

约束条件：必填。

示　　例：目华路201号。

————————————————————————————

代　　码：03。

指标名称：园区设立时间。

指标解释：××年××月。

约束条件：必填。园区设立年份≤2021；月份范围01~12。

示　　例：2019/06。

————————————————————————————

代　　码：04。

指标名称：园区认定情况。

指标解释：①已认定（认定时间：××年××月）；②未认定。是否经过认定，以各省（自治区、直辖市）公布的认定名单为准。

约束条件：必填。

示　　例：①已认定（认定时间：2021/03）。

————————————————————————————

代　　码：05。

指标名称：园区四至范围内近10年发生泥石流（含滑坡）次数。

指标解释：如无法统计近10年，则统计有记录以来的历史。注意该项填写为化工园区四至范围内，超出化工园区边界的泥石流/滑坡自然灾害不纳入统计。

约束条件：必填，整数。

示　　例：1。

————————————————————————————

代　　码：06。

指标名称：园区内企业数量。

指标解释：化工园区（化工集中区）区域内所有企业（含规划在建企业）计入统计。

概念说明：化工园区（化工集中区）四至范围内所有法人单位均应纳入统计。

约束条件：必填，整数。指标06（园区内企业数量）≥指标07（园区内危险化学品企业数量）。

示　　例：48。

——————————————————————————————

代　　码：07。

指标名称：园区内危险化学品企业数量。

指标解释：化工园区（化工集中区）区域内取得安全许可或港口经营许可或燃气经营许可的企业数量。

概念说明：①依据《危险化学品安全管理条例》，取得应急管理部门颁发的危险化学品安全生产许可证、危险化学品经营许可证、危险化学品安全使用许可证等企业；②依据《中华人民共和国港口法》，取得港口经营许可证，并在港区内从事危险化学品仓储经营的企业；③依据《城镇燃气管理条例》，取得燃气经营许可的企业。

约束条件：必填，整数。指标06（园区内企业数量）≥指标07（园区内危险化学品企业数量）。指标07值＝指标08值+指标09值+指标10值+指标11值。

示　　例：45。

——————————————————————————————

代　　码：08。

指标名称：①危险化学品生产企业数量。

指标解释：化工园区（化工集中区）区域内取得危险化学品安

全生产许可证的生产企业数量。

概念说明：依据《危险化学品安全管理条例》，取得应急管理部门颁发的危险化学品安全生产许可证的生产企业。

约束条件：必填，整数。

示　　例：10。

————————————————————————————

代　　码：09。

指标名称：②危险化学品经营（储存）企业数量。

指标解释：化工园区（化工集中区）区域内仓储危险化学品的经营企业和危险化学品储存企业（如国家石油储备库）的数量。危险化学品生产企业在其厂区范围内销售本企业生产的危险化学品的企业除外。

概念说明：①依据《危险化学品安全管理条例》，取得应急管理部门颁发的危险化学品经营许可证企业；②依据《中华人民共和国港口法》，取得港口经营许可证，并在港区内从事危险化学品仓储经营的企业；③依据《城镇燃气管理条例》，取得燃气经营许可的企业。

约束条件：必填，整数。

示　　例：20。

————————————————————————————

代　　码：10。

指标名称：③使用危险化学品从事生产的化工企业数量。

指标解释：化工园区（化工集中区）区域内取得危险化学品安全使用许可证的化工企业数量。

概念说明：依据《危险化学品安全管理条例》，取得应急管理部门颁发的危险化学品安全使用许可证的企业。

约束条件：必填，整数。

示　　例：10。

————————————————————————————

代　　码：11。

指标名称：④除①②③三类之外的其他企业。

指标解释：除指标08、09、10之外的其他危险化学品企业。

约束条件：必填，整数。

示　　例：5。

——————————————————————————————

代　　码：12。

指标名称：电源路数。

指标解释：统计由上一级变电站接入园区公用变电站的电源路
　　　　　数，不统计公用变电站到企业的电源路数。

约束条件：必填，整数。

示　　例：3。

——————————————————————————————

代　　码：13。

指标名称：公用变电站数量。

指标解释：园区公用的变电站数量，不包括企业内部变电站数量。

约束条件：必填，整数。

示　　例：8。

——————————————————————————————

代　　码：14。

指标名称：园区电厂数量。

指标解释：电厂为独立企业，发电主要供给外部单位使用，不包
　　　　　括企业内部仅供给本企业使用的发电机构。

约束条件：必填，整数。

示　　例：0。

——————————————————————————————

代　　码：15。

指标名称：供水能力。

指标解释：园区水厂或者园区外水厂向园区提供的最大供水

能力。

约 束 条 件：必填，数值（整数和小数均可，如果是小数则最多保留两位小数）。指标 15（供水能力）≥指标 16（用水负荷）。

参考数据源：园区总体规划，或者由水务部门提供数据。

示　　　例：20000。

————————————————————————

代　　　码：16。

指 标 名 称：用水负荷。

指 标 解 释：包含规划在建企业的用水负荷。

约 束 条 件：必填，数值（整数和小数均可，如果是小数则最多保留两位小数）。

参考数据源：园区总体规划，或者由水务部门提供数据。

示　　　例：5000。

————————————————————————

代　　　码：17。

指 标 名 称：污水处理能力。

指 标 解 释：污水处理单位的处理能力，不包含危险化学品企业自身的污水处理能力。

约 束 条 件：必填，数值（整数和小数均可，如果是小数则最多保留两位小数）。

参考数据源：污水处理单位提供。

示　　　例：10000。

————————————————————————

代　　　码：18。

指 标 名 称：最大污水排放量。

指 标 解 释：园区内所有企业（含规划在建企业）最大污水排放量之和。

约 束 条 件：必填，数值（整数和小数均可，如果是小数则最多保留两位小数)。

参考数据源：园区总体规划，或者由水务部门和生态环境部门提供数据。

示　　例：6000。

————————————————————————

代　　码：19。

指标名称：园区公共事故应急池。

指标解释：园区建设的用于事故状态下的公共事故应急池，不包含企业自身的事故应急池。如无园区公共事故应急池，请填"0"。

概念说明：此项填报园区公共事故应急池容积。参照《化工建设项目环境保护工程设计标准》(GB/T 50483—2019)有关规定，事故应急池是用于暂存非正常工况下超过技术指标的污水以及当处理系统发生故障时产生的不合格污水。企业内部事故应急池且仅对企业本身服务的事故应急池不包含在内。

约束条件：必填，数值（整数和小数均可，如果是小数则最多保留两位小数)。

示　　例：5000。

————————————————————————

代　　码：20。

指标名称：园区是否有应急救援和指挥信息平台。

代　码　表：

代码	名称
01	是
02	否

约束条件：必填，单选。

示　　例：是。

————————————————————————

代　　　码：21。

指 标 名 称：是否有专职的危险化学品应急救援队伍。

代　码　表：

代码	名称
01	是
02	否

约 束 条 件：必填，单选。

参考数据源：询问当地应急管理部门或消防救援机构。

示　　　例：否。

代　　　码：22。

指 标 名 称：公用管廊是否进行统一管理。

指 标 解 释：园区公共管廊是否统一由一个部门/公司进行管理。公共管廊的范围参照《化工园区公共管廊管理规程》（GB/T 36762—2018）。

概 念 说 明：参照《化工园区公共管廊管理规程》（GB/T 36762—2018），管廊是指各类管道集中敷设的主要场所，主要有管架、附属设施和管道构成；公共管廊是指建在化工园区（化工集中区）内，用于敷设各个厂际管道的公用管廊；公共管廊区域是指公共管廊沿线两侧划定的安全保护范围及受控区域。

代　码　表：

代码	名称
01	是
02	否

约 束 条 件：必填，单选。

示　　　例：否。

三、有关附件上传的说明

（一）化工园区安全风险评价（评估）报告

经过认定的化工园区（化工集中区），必须上传近 5 年内最新的化工园区安全风险评价（评估）报告；未经认定的化工园区（化工集中区），如无法提供近 5 年内最新的化工园区安全风险评价（评估）报告，则需要说明原因并上传报告。

（二）规划文本

提供最新的化工园区（化工集中区）总体规划和/或控制性详细规划文本。

（三）相关规划图

提供总体布局图、产业布局图、地块控制规划图等一项或几项。规划图应清晰标注化工园区（化工集中区）边界。

第四章 企业（加油加气加氢站除外）承灾体调查

第一节 调查操作流程

一、前期准备阶段

前期准备阶段的工作内容包括以下内容。

（1）企业（加油加气加氢站除外）的调查由县级应急管理部门、港口管理部门、燃气管理部门、化工园区管委会等部门共同完成。

位于化工园区（化工集中区）内的企业，如果化工园区（化工集中区）设立了园区管委会，一般由园区管委会作为牵头单位；如果化工园区（化工集中区）没有设立园区管委会，且该园区不位于港区，则一般由应急管理部门牵头，否则由港口管理部门牵头。

未处于化工园区（化工集中区）的危险化学品企业，按照企业的类型和所处位置，牵头部门建议如下：①位于港区内的危险化学品企业，由港口管理部门牵头负责；②取得燃气经营许可的企业，由燃气管理部门牵头负责；③除上述①和②之外的其他危险化学品企业，由应急管理部门牵头负责。

委托有相关资质的单位提供全过程技术支撑。调查工作属于工程咨询范畴，目前技术相关领域有设计院、中介评价公司等。实施调查的主体，可以通过社会招标或直接委托形式确定。由于企业（加油加气加氢站除外）涉及商业机密，有必要针对调查单位签订相应的实施准则、保密协议等文件。

调查牵头单位需做好调查工作的统筹、协调，组织相关部门对接工作，并为调查工作的实施开辟专用通道或手续流程。

（2）县级普查工作组根据化工园区（化工集中区）建设管理情况，以及辖区内危险化学品企业数量和分布情况，制定调查方案，以确保数据的真实性和时效性。由于每个县有差异，因此具体调查方案的编制需要按县或市进行。每个县或市应具体调研已有数据、数据组成、数据来源，并根据地区特点编制普查方案。

二、已有承灾体数据整理阶段

调查采用的主要方法为资料调查法。先对牵头部门中涉及调查对象的相关资料信息进行整理，整理出与调查相关的资料和数据，并与清查结果进行对比，梳理需要进一步检核的数据。

三、调查数据现场采集及数据核查阶段

获取企业有关资料、图纸信息后，调查单位可以深入企业现场对数据进行调查与核实。

第二节 调查表填报说明

一、企业（加油加气加氢站除外）基础信息调查

企业（加油加气加氢站除外）调查对象为调查范围内化工园区（化工集中区）内的所有企业以及未处于园区的危险化学品企业，须形成《企业基础信息调查表》（附录四）。主要调查内容为基本概况、企业防灾减灾能力概况、自企业建成之日起自然灾害次生危险化学品事故数量，具体见表4-1。

表4-1 企业基础信息调查表

_____省（自治区、直辖市）_____地（市、州、盟）_____县（区、市、旗）

行政区划代码：□□_□□_□□

填报单位（盖章）：

指 标 名 称	计量单位	代码	填报信息
一、基本概况	—	—	—
企业名称	（文字说明）	01	
全国统一社会信用代码	（文字说明）	02	
详细地址	（文字说明）	03	
是否位于化工园区	[是（园区名称）/否]	04	
开业（成立）时间	（年/月/日）	05	
建设状态	（单选）	06	
最大当班人员数	人	07	
企业类型	（单选）	08	
危险化工工艺类型	（多选）	09	
安全生产标准化等级	（单选）	10	
重大危险源辨识情况	（多选+数字）	11	
二、企业防灾减灾能力概况	—	—	—
设计抗震烈度	（单选）	12	
防洪标准	年（重现期）	13	
是否双电源供电	（是/否）	14	
是否双回路供电	（是/否）	15	
应急电源及功率	kW	16	
事故应急池	m³	17	
蒸汽来源	（单选）	18	
是否有危险化学品专职消防队	（是/否）	19	

表 4-1（续）

指 标 名 称	计量单位	代码	填报信息
三、自企业建成之日起自然灾害次生危险化学品事故数量	—	—	—
其中：雷击	次	20	
地震	次	21	
洪水	次	22	
台风/大风	次	23	
泥石流（含滑坡）	次	24	

单位负责人：　　　填表人：　　　联系电话：　　　报出日期：　年　月　日

（一）填报单位

（1）化工园区（化工集中区）内的所有企业均需填报本调查表。

（2）未处于化工园区（化工集中区）的危险化学品企业填写本调查表。

（3）加油加气加氢站除外。

（二）填报主体

由化工园区（化工集中区）内各企业、未处于化工园区的危险化学品企业填报。

（三）调查指标在普查平台的代码、约束条件及示例

代　　　　码：01。

指 标 名 称：企业名称。

概 念 说 明：经登记机构或批准机关所核准机构的中文名称全称。

约 束 条 件：必填，唯一。

参考数据源：全国组织机构统一社会信用代码数据服务中心发布的法人单位名称，网址 https://www.cods.org.cn/。

示　　　　例：温州××危化品运输有限公司。

——————————————————————————

代　　　码：02。

指 标 名 称：全国统一社会信用代码。

概 念 说 明：参考《法人和其他组织统一社会信用代码编码规则》（GB 32100—2015）中所规定的代码格式，填写 18 位全国组织机构统一社会信用代码。代码组成为："登记管理部门代码 1 位" + "机构类别代码 1 位" + "登记管理机关行政区划码 6 位" + "主体标识码（组织机构代码）9 位" + "校验码 1 位"。

约 束 条 件：必填，唯一。

参考数据源：全国组织机构统一社会信用代码数据服务中心发布的法人单位名称，网址 https：//www.cods.org.cn/。

示　　　例：91330322778274××1Q。

————————————————————————————

代　　　码：03。

指 标 名 称：详细地址。

概 念 说 明：填写具体地址，到门牌号，××省××市××区××街道××路××号。

约 束 条 件：必填。

示　　　例：江苏省无锡市新吴区鸿山街道锦鸿路××号。

————————————————————————————

代　　　码：04。

指 标 名 称：是否位于化工园区。

指 标 解 释：如果位于化工园区（化工集中区），选择"是"，并填写园区名称（园区名称应与附录三中所填名称完全一致）；否则，选"否"。

约 束 条 件：必填，单选（文字）。

示　　　例：否。

————————————————————————————

代　　码：05。

指标名称：开业（成立）时间。

约束条件：条件必填［若指标06（建设状态）选择②在建，则不填］。年份≤2021。月份范围01～12，其中1、3、5、7、8、10、12月中，日范围01～31；4、6、9、11月中，日范围01～30；闰年的2月中，日范围01～29；平年的2月中，日范围01～28。

示　　例：2019/06/30。

————————————————————————————

代　　码：06。

指标名称：建设状态。

指标解释：①已投产；②在建。

约束条件：必填，单选。

示　　例：已投产。

————————————————————————————

代　　码：07。

指标名称：最大当班人员数。

指标解释：一个班次的生产人员、办公行政管理人员、后勤人员、其他非生产人员等人员数量的总和。例：企业生产人员120人（三班倒），办公行政管理人员50人，后勤人员20人，销售、长期外委的承包商作业人员、临时工等其他非生产人员15人，则最大当班人数为120÷3+50+20+15＝125人。

约束条件：必填，整数。

示　　例：125。

————————————————————————————

代　　码：08。

指标名称：企业类型。

指标解释：①危险化学品生产企业；②仓储危险化学品的经营企

业；③危险化学品储存企业（如国家石油储备库）；
④使用危险化学品从事生产的化工企业；⑤使用危险
化学品从事生产经营的非化工企业；⑥其他。

概念说明：参照《危险化学品安全管理条例》，危险化学品是指
具有毒害、腐蚀、爆炸、燃烧、助燃等性质，对人
体、设施、环境具有危害的剧毒化学品和其他化
学品。

危险化学品生产企业指取得应急管理部门颁发的
危险化学品安全生产许可证的生产企业；仓储危险化
学品的经营企业指取得应急管理部门颁发的危险化
学品经营许可证的经营企业，或者燃气管理部门颁发的
燃气经营许可的经营企业，或位于港区取得港口经营
许可证并在港区内从事危险化学品仓储经营的企业；
危险化学品储存企业（如国家石油储备库）指构成
重大危险源的仓储企业，但不对外经营，常见的有国
家石油储备库；使用危险化学品从事生产的化工企业
指使用危险化学品进行生产经营活动并取得危险化学
品安全使用许可证的化工企业；使用危险化学品从事
生产经营的非化工企业指使用危险化学品进行生产经
营活动的非化工类企业。

约束条件：必填，单选。

示　　例：①危险化学品生产企业。

————————————————————————————

代　　码：09。

指标名称：危险化工工艺类型。

指标解释：①硝化工艺；②氧化工艺；③磺化工艺；④氯化工
艺；⑤氟化工艺；⑥加氢工艺；⑦重氮化工艺；⑧过
氧化工艺；⑨聚合工艺；⑩裂解（裂化）工艺；
⑪烷基化工艺；⑫光气及光气化工艺；⑬电解工艺

（氯碱）；⑭合成氨工艺；⑮胺基化工艺；⑯新型煤化工工艺；⑰电石生产工艺；⑱偶氮化工艺；⑲无。

概念说明：依据国家安全生产监督管理总局《关于公布首批重点监管的危险化工工艺目录的通知》和《国家安全监管总局关于公布第二批重点监管危险化工工艺目录和调整首批重点监管危险化工工艺中部分典型工艺的通知》。

约束条件：必填，多选。

示　　例：⑪烷基化工艺；⑬电解工艺。

————————————————————————————

代　　码：10。

指标名称：安全生产标准化等级。

指标解释：①一级；②二级；③三级；④未创建。

概念说明：危险化学品企业安全生产标准化达标等级由高到低分为一级企业、二级企业和三级企业。应急管理部为一级企业以及海洋石油全部等级企业的定级部门。省级和设区的市级应急管理部门分别为本行政区域内二级、三级企业的定级部门。

约束条件：必填，单选。

示　　例：二级。

————————————————————————————

代　　码：11。

指标名称：重大危险源辨识情况。

指标解释：①无；②一级＿＿个；③二级＿＿个；④三级＿＿个；⑤四级＿＿个。按照《危险化学品重大危险源辨识》（GB 18218—2018）进行辨识，判断企业是否存在构成重大危险源的单元以及重大危险源等级和个数。

概念说明：参照《危险化学品重大危险源辨识》（GB 18218—

2018)，危险化学品重大危险源是指长期地或临时地生产、储存、使用或经营危险化学品，且危险化学品的数量等于或超过临界量的单元。具体危险化学品名称及其临界量参照《危险化学品重大危险源辨识》（GB 18218—2018）内表 1、表 2。

R 值参照《危险化学品重大危险源辨识》（GB 18218—2018）计算。

重大危险源级别	R 值
一级	$R \geqslant 100$
二级	$100 > R \geqslant 50$
三级	$50 > R \geqslant 10$
四级	$R < 10$

约束条件：必填。重大危险源等级为多选；整数。当不选"无"时，企业还应填报《重大危险源企业危险源信息台账表》（附录五）。

示　　例：一级 1 个；二级 2 个。

————————————————————————

代　　码：12。

指标名称：设计抗震烈度。

指标解释：①6 度；②7 度；③8 度；④9 度；⑤9 度以上。填写生产和储存区域Ⅱ类（乙类）设施所设计的最小抗震烈度。

概念说明：企业可参照《建筑抗震设计规范（2016 年版）》（GB 50011—2010）中附录 A 我国主要城镇抗震设防烈度、设计基本地震加速度和设计地震分组。注：该项填报企业实际设计抗震烈度。

约 束 条 件：必填，单选。

示　　　例：8度。

————————————————————————————

代　　　码：13。

指 标 名 称：防洪标准。

指 标 解 释：以企业实际设防情况为准，以重现期的年数计，可
　　　　　　　以是固定值，也可以是一个区间范围值。如无法确
　　　　　　　定实际设防情况，则填写设计设防情况。

约 束 条 件：必填，整数。若填入区间范围，则左端点值应大于
　　　　　　　右端点值。

参考数据源：企业设计或验收文本。

示　　　例：200~100［年（重现期）］。

————————————————————————————

代　　　码：14。

指 标 名 称：是否双电源供电。

指 标 解 释：由2个或2个以上电源供电，则选"是"；否则，选
　　　　　　　"否"。

约 束 条 件：必填，单选。

示　　　例：是。

————————————————————————————

代　　　码：15。

指 标 名 称：是否双回路供电。

指 标 解 释：由2个或2个以上回路供电，则选"是"；否则，选
　　　　　　　"否"。

约 束 条 件：必填，单选。

示　　　例：是。

————————————————————————————

代　　　码：16。

指 标 名 称：应急电源及功率。

指标解释：如无应急电源，该项请填写"0"。

约束条件：必填，数值（整数和小数均可，如果是小数则最多保留两位小数）。

示　　例：600。

————————————————————————

代　　码：17。

指标名称：事故应急池。

指标解释：企业自身的事故应急池。如无事故应急池，该项请填写"0"。

概念说明：此项填报事故应急池容积。参照《化工建设项目环境保护工程设计标准》（GB/T 50483—2019）有关规定，事故应急池是用于暂存非正常工况下超过技术指标的污水以及当处理系统发生故障时产生的不合格污水。

约束条件：必填，数值（整数和小数均可，如果是小数则最多保留两位小数）。

示　　例：500。

————————————————————————

代　　码：18。

指标名称：蒸汽来源。

指标解释：①无；②自产；③外购；④自产+外购。

约束条件：必填，单选。

示　　例：自产。

————————————————————————

代　　码：19。

指标名称：是否有危险化学品专职消防队。

约束条件：必填，单选。

示　　例：是。

————————————————————————

代　　码：20-24。

指标名称：自企业建成之日起自然灾害次生危险化学品事故数量。

指标解释：统计企业自建成之日起，因雷击、地震、洪水、台风/大风、泥石流（含滑坡）引发的危险化学品安全事故。台风/大风该项统计极值风速≥17.2 m/s的所有情况。

约束条件：必填，单选。

示　　例：1。

————————————————————————

（四）有关附件上传的说明

1. 企业平面布置图

所有被调查的企业（加油加气加氢站除外）均需提供企业平面布置图（CAD，中小企业如无法提供CAD，可提供JPG文件）。

2. 安全评价（评估）报告

危险化学品企业需提供近3年最新的安全评价（评估）报告文本。

危险化学品企业主要指以下三类：

（1）依据《危险化学品安全管理条例》，取得应急管理部门颁发的危险化学品安全生产许可证、危险化学品经营许可证、危险化学品安全使用许可证等企业。

（2）依据《中华人民共和国港口法》，取得港口经营许可证，并在港区内从事危险化学品仓储经营的企业。

（3）依据《城镇燃气管理条例》，取得燃气经营许可的企业。

二、重大危险源企业危险源信息调查

填报《企业基础信息调查表》（附录四）重大危险源辨识情况项不为"无"的企业，还应填报《重大危险源企业危险源信息台账表》（附录五）。具体见表4-2。

表4-2 重大危险源企业危险源信息台账表

_____省（自治区、直辖市） _____地（市、州、盟） _____县（区、市、旗）

行政区划代码：□□_□□_□□

填报单位（盖章）：

序号	生产单元或储存单元	化学品名称	种类	设计温度	设计压力	数量	存在形式
	（文字说明）	（文字说明）	（单选）	℃	kPa	t	（文字说明）
	01	02	03	04	05	06	07
1	单元1	化学品1					
		化学品2					
		…					
2	单元2	化学品1					
		化学品2					
		…					
…	…						
n	单元n						

单位负责人： 填表人： 联系电话： 报出日期： 年 月 日

（一）填报范围

化工园区（化工集中区）内和园区外构成重大危险源的企业填写本报表。具体为涉及危险化学品重大危险源的危险化学品生产、储存企业，以及使用危险化学品从事生产经营的企业。

（二）填报主体

由构成重大危险源的企业填写本报表。

（三）调查指标在普查平台的代码、约束条件及示例

代　　　码：01。

指 标 名 称：生产单元或储存单元。

指 标 解 释：参照《危险化学品重大危险源辨识》（GB 18218—
2018）将企业划分为不同单元，单元名称和数量
应与企业的安全评价报告或者重大危险源安全评估

报告相一致。

概 念 说 明：参照《危险化学品重大危险源辨识》（GB 18218—
2018），生产单元即危险化学品的生产、加工及使
用等的装置及设施，当装置及设施之间有切断阀
时，以切断阀作为分隔界限划分为独立的单元；储
存单元即用于储存危险化学品的储罐或仓库组成的
相对独立的区域，储罐区以罐区防火堤为界限划分
为独立的单元，仓库以独立库房（独立建筑物）
为界限划分为独立的单元。

约 束 条 件：必填。

参考数据源：本企业安全评价报告或者重大危险源安全评估报告。

示　　　　例：成品油罐组。

————————————————————————

代　　　　码：02。

指 标 名 称：化学品名称。

概 念 说 明：参照《化学品命名通则》（GB/T 23955—2009）、
《危险化学品目录（2015 版)》，填写化学品统一
名称。

约 束 条 件：必填。

参考数据源：《危险化学品目录（2015 版)》。

示　　　　例：5-氨基-1，3，3-三甲基环己甲胺。

————————————————————————

代　　　　码：03。

指 标 名 称：种类。

指 标 解 释：参照《化学品分类和标签规范》（GB 30000）和
《危险货物分类和品名编号》（GB 6944—2012）填
报。选项如下：①第 1 类 爆炸品；②第 2 类 2.1
项 易燃气体；③第 2 类 2.2 项 非易燃无毒气体；
④第 2 类 2.3 项 毒性气体；⑤第 3 类 易燃液体；

⑥第4类4.1项 易燃固体、自反应物质和固态退敏爆炸品；⑦第4类4.2项 易于自然的物质；⑧第4类4.3项 遇水放出易燃气体的物质；⑨第5类5.1项 氧化性物质；⑩第5类5.2项 有机过氧化物；⑪第6类6.1项 毒性物质；⑫第6类6.2项 感染性物质；⑬第7类 放射性物质；⑭第8类 腐蚀性物质；⑮第9类 其他。当有多种危险性时，选填最大的危险性属类，如爆炸品≥毒性气体>易燃气体>易燃液体>易燃固体。

约 束 条 件：必填，单选。

参考数据源：《化学品分类和标签规范》(GB 30000) 和《危险货物分类和品名编号》(GB 6944—2012)，以及本企业的安全评价报告或者重大危险源安全评估报告。

示　　　例：第3类 易燃液体。

————————————————————————————

代　　　码：04。

指 标 名 称：设计温度。

指 标 解 释：可以是固定值，也可以是区间范围值。

概 念 说 明：当设计量与实际量不一致时，按照本企业设计量进行填报。

约 束 条 件：必填，单位为"℃"。固定值或区间端点值均为数值（整数和小数均可，如果是小数则最多保留两位小数）。

参考数据源：企业工艺设计文件。

示　　　例：200。

————————————————————————————

代　　　码：05。

指 标 名 称：设计压力。

指 标 解 释：可以是固定值，也可以是区间范围值。

概 念 说 明：当设计量与实际量不一致时，按照本企业设计量进行填报。

约 束 条 件：必填，单位为"kPa"。固定值或区间端点值均为数值（整数和小数均可，如果是小数则最多保留两位小数）。

参考数据源：企业工艺设计文件。

示　　　例：101。

————————————————————————————

代　　　码：06。

指 标 名 称：数量。

指 标 解 释：本项填写质量单位"t"。如企业日常按照体积进行管理，请按照本企业重大危险源辨识结果转化为质量进行填报。

约 束 条 件：必填，数值（整数和小数均可，如果是小数则最多保留两位小数）。

参考数据源：本企业的安全评价报告或者重大危险源安全评估报告。

示　　　例：5000。

————————————————————————————

代　　　码：07。

指 标 名 称：存在形式。

指 标 解 释：生产单元可以填写反应器类型、蒸馏塔类型等；储存单元可以填写甲（乙、丙）类仓库、储罐类型等。各企业根据本企业实际情况填写，不局限于举例说明。

约 束 条 件：必填。

参考数据源：企业设计文件和安全评价报告等文件。

示　　　例：球罐。

————————————————————————————

（四）其他说明

序号 n 的值应等于《企业基础信息调查表》（附录四）中指标代码 11（重大危险源辨识情况）中一级、二级、三级、四级各级重大危险源数量之和。同时，重大危险源的数量 n 值应与企业最新的安全评价报告或者重大危险源安全评估报告相一致。

第五章　加油加气加氢站承灾体调查

第一节　调查操作流程

一、前期准备阶段

前期准备阶段的工作内容包括以下几个方面。

（1）加油加气加氢站的调查由县级行业主管部门牵头，一般为当地商务部门、燃气管理部门、应急管理部门等。县级以上人民政府或者行业主管部门向所属企业下发通知，告知加油加气加氢站调查工作及相关要求，同时指导加油加气加氢站通过统一的调查软件系统填报所需信息。加油加气加氢站企业依据《危险化学品自然灾害承灾体调查技术规范》填报《加油加气加氢站基础信息调查表》（附录六）。填报结果需要加油加气加氢站负责人（站长）、填表人签字，加油加气加氢站盖章（公章），加油加气加氢站对填报数据的真实性负责。

（2）可以委托有相关资质的单位提供全过程技术支撑。由于每个城市有差异，因此根据城市加油加气加氢站建设、运维状况，制定调查方案，以确保数据的真实性和时效性。每个城市应具体调研已有数据、数据组成、数据来源，并根据城市特点编制调查方案。

调查的牵头单位应做好调查工作的统筹、协调，组织相关部门对接，并为调查工作的实施开辟专用通道或制定手续流程。

（3）加油加气加氢站总量大、分散性强。调查人员调查整个城市范围的加油加气加氢站困难非常大，现场调查主要靠抽取一定比例的加油加气加氢站来复核数据填报的准确性和真实性。

二、已有承灾体数据整理、处理和清查阶段

对档案馆中的相关资料信息进行整理，与已有相关数据的单位进行对接，梳理需要进一步检核的数据。

三、调查数据现场采集及数据核查、补测阶段

获取加油加气加氢站有关资料后，调查单位可以深入加油加气加氢站现场对数据进行必要的校核、补测和更新。

第二节　调查表填报说明

加油加气加氢站调查对象为加油站、加气站、加氢站、加油加气合建站、加氢加油合建站、加氢加气合建站等企业。具体对象范围可参照《汽车加油加气加氢站技术标准》（GB 50156—2021）、《加氢站技术规范（2021 年版）》（GB 50516—2010）两项标准执行。加油加气加氢站须形成《加油加气加氢站基础信息调查表》（附录六）。具体见表 5-1。

表 5-1　加油加气加氢站基础信息调查表

_____省（自治区、直辖市）_____地（市、州、盟）_____县（区、市、旗）

行政区划代码：□□_□□_□□

填报单位（盖章）：

指 标 名 称	计量单位	代码	填报信息
企业名称	（文字说明）	01	
全国统一社会信用代码	（文字说明）	02	
详细地址	（文字说明）	03	
是否位于化工园区	［是（园区名称）/否］	04	
开业（成立）时间	（年/月/日）	05	

表 5-1（续）

指 标 名 称	计量单位	代码	填报信息
企业类型	（单选）	06	
等级划分	（单选）	07	
安全生产标准化等级	（单选）	08	
总容积（量）	（多选+数字）	09	
储罐类型	（单选）	10	

单位负责人： 填表人： 联系电话： 报出日期： 年 月 日

（一）填报单位

建议加油站由商务部门组织填报；加气站由燃气管理部门组织填报；加油加气合建站由商务部门和燃气管理部门联合组织，应急管理部门配合商务部门、燃气管理部门工作；加氢站由应急管理部门组织填报；加氢加油合建站由应急管理部门和商务部门联合组织填报；加氢加气合建站由应急管理部门和燃气管理部门联合组织填报。

（二）填报主体

由加油站、加气站、加氢站以及合建站填写本调查表。

（三）调查指标在普查平台的代码、约束条件及示例

代 码：01。

指标名称：企业名称。

概念说明：经登记机构或批准机关所核准机构的中文名称全称。

约束条件：必填，唯一。

参考数据源：全国组织机构统一社会信用代码数据服务中心发布的法人单位名称，网址 https://www.cods.org.cn/。

示 例：厦门××燃气有限公司××路加油加气站。

————————————————————————————

代 码：02。

指标名称：全国统一社会信用代码。

概 念 说 明：参考《法人和其他组织统一社会信用代码编码规则》(GB 32100—2015) 中所规定的代码格式，填写 18 位全国组织机构统一社会信用代码。代码组成为："登记管理部门代码 1 位" + "机构类别代码 1 位" + "登记管理机关行政区划码 6 位" + "主体标识码（组织机构代码）9 位" + "校验码 1 位"。

约 束 条 件：必填，唯一。

参考数据源：全国组织机构统一社会信用代码数据服务中心发布的法人单位名称，网址 https：//www.cods.org.cn/。

示　　　　例：913502007980693××A。

————————————————————————————————

代　　码：03。

指标名称：详细地址。

概 念 说 明：填写具体地址，到门牌号，××省××市××区××街道××路××号。

约 束 条 件：必填。

示　　　　例：福建省厦门市湖里区禾山街道金尚路××号。

————————————————————————————————

代　　码：04。

指标名称：是否位于化工园区。

指标解释：如果位于化工园区（化工集中区），选择"是"，并填写园区名称（园区名称应与附录三中所填名称完全一致）；否则，选"否"。

约 束 条 件：必填，单选（文字）。

示　　　　例：否。

————————————————————————————————

代　　码：05。

指标名称：开业（成立）时间。

约束条件：条件必填。年份≤2021。月份范围01~12，其中1、3、5、7、8、10、12月中，日范围01~31；4、6、9、11月中，日范围01~30；闰年的2月中，日范围01~29；平年的2月中，日范围01~28。

示　　例：2019/06/30。

————————————————————————————

代　　码：06。

指标名称：企业类型。

指标解释：①加油站；②LPG加气站；③CNG加气站；④LNG加气站、L-CNG加气站、LNG和L-CNG加气合建站；⑤加氢站；⑥加油加气合建站；⑦加氢加油合建站；⑧加氢加气合建站；⑨加油加气加氢合建站。

约束条件：必填，单选。

示　　例：①加油站。

————————————————————————————

代　　码：07。

指标名称：等级划分。

指标解释：①一级；②二级；③三级。按照《汽车加油加气加氢站技术标准》(GB 50156—2021)、《加氢站技术规范(2021年版)》(GB 50516—2010) 要求进行填报。

概念说明：参照《汽车加油加气加氢站技术标准》(GB 50156—2021) 中，表3.0.9加油站的等级划分，表3.0.10 LPG加气站的等级划分，表3.0.12 LNG加气站、L-CNG加气站、LNG和L-CNG加气合建站的等级划分，表3.0.13 LNG加气站与CNG常规加气站或CNG加气子站的合建站的等级划分，表3.0.14加油与LPG加气合建站的等级划分，表3.0.15加油与CNG加气合建站的等级划分，表3.0.16加油与LNG加气合建站的等级划分，表3.0.17加油与L-CNG加气、LNG/L-CNG 加气以及加油与 LNG 加气和 CNG 加气合建站的等级划分，表 3.0.18 加油与高压储氢加氢合建站的等级划分，表 3.0.19 加油与液氢储氢加氢合建站的等级划分，表 3.0.20 CNG 加气与高压储氢或液氢储氢加氢合建站的等级划分，表 3.0.21 LNG 加气与高压储氢或液氢储氢加氢合建站的等级划分，表 3.0.22 加油、CNG 加气与高压储氢或液氢储氢加氢合建站的等级划分，表 3.0.23 加油、LNG 加气与高压储氢或液氢储氢加氢合建站的等级划分。

参照《加氢站技术规范（2021 年版）》（GB 50516—2010）中，表 3.0.2A 加氢站的等级划分。

约束条件：必填，单选。

示　　例：二级。

————————————————————————

代　　码：08。

指标名称：安全生产标准化等级。

指标解释：①一级；②二级；③三级；④未创建。

概念说明：参照《企业安全生产标准化建设定级办法》，有关危险化学品企业安全生产标准化等级的说明如下：危险化学品企业安全生产标准化达标等级由高到低分为一级企业、二级企业和三级企业。

约束条件：必填，单选。

示　　例：三级。

————————————————————————

代　　码：09。

指标名称：总容积（量）。

指标解释：①油罐总容积＿＿＿ m³；②气罐总容积＿＿＿ m³；③储氢罐总容量＿＿＿ kg。气罐总容积指的是 LPG 储罐、CNG 储气设施、LNG 储罐总容积之和。在计算加油站、加油加气合建站、加氢加油合建站的总容积时，柴油罐容积折半计入油罐总容积。

约束条件：必填（多选+数字）。

（1）若指标06（企业类型）填①加油站时，则指标09［总容积（量）］只填写①油罐总容积____ m³。

（2）若指标06（企业类型）填②LPG加气站③CNG加气站④LNG加气站、L-CNG加气站、LNG和L-CNG加气合建站任一项时，则指标09［总容积（量)］只填写②气罐总容积____ m³。

（3）若指标06（企业类型）填⑤加氢站时，则指标09［总容积（量）］只填写③储氢罐总容量____ kg。

（4）若指标06（企业类型）填⑥加油加气合建站时，则指标09［总容积（量)］应填写①油罐总容积____ m³和②气罐总容积____ m³两项。

（5）若指标06（企业类型）填⑦加氢加油合建站时，则指标09［总容积（量)］应填写①油罐总容积____ m³和③储氢罐总容量____ kg两项。

（6）若指标06（企业类型）填⑧加氢加气合建站时，则指标09［总容积（量)］应填写②气罐总容积____ m³和③储氢罐总容量____ kg两项。

（7）若指标06（企业类型）填⑨加油加气加氢合建站时，则指标09［总容积（量)］应填写①油罐总容积____ m³②气罐总容积____ m³③储氢罐总容量____ kg三项。

示　　例：90。

————————————————————

代　　码：10。

指标名称：储罐类型。

指标解释：①埋地；②地上；③埋地+地上。

约束条件：必填，单选。

示　　例：埋地。

————————————————————————————————

第六章 自然灾害引发危险化学品事故机理研究

第一节 地震引发危险化学品事故机理研究

地震发生的主要原因在于不同地面板块由于不断运动引起的相互挤压和碰撞。地震发生时地球内部和地球表面会发生一系列波动，这种波动是地震造成破坏的根源，称为地震波。目前世界上大部分地震多发于环太平洋地震带和欧亚地震带。我国横跨于环太平洋地震带和欧亚地震带之间，因此地震频发、多发态势更为显著。

地震灾害因突发性强、危害性大、不能及时准确预报等原因成了影响化工园区安全运行的典型自然灾害之一。例如，2008 年四川汶川大地震诱发滑坡泥石流，造成化工厂原料泄漏、建筑物火灾等一系列严重问题。导致蓥峰实业有限公司储存的数千吨硫黄燃烧，液氨储罐连接管道破裂，内部液氨全部泄漏。2011 年，日本福岛大地震也导致了严重的次生灾害，引发爆炸和核泄漏等事故，致使当地环境受到严重污染。

一、地震引发危险化学品事故主要类型

一方面，地震极易造成生产、储存有毒有害物质的储罐或者运行设备发生破裂、损坏，从而致使有毒有害物质泄漏。另一方面，地震可能会引发电力系统故障、建筑物倒塌等次生、衍生灾害，引起危险化学品泄漏，影响周边的环境和人员安全。2008 年四川汶川

大地震中，有 4 家化工企业发生泄漏事故，所幸指挥得当，处理比较及时，没有对周边的环境造成严重影响。但在哥斯达黎加地震中，某炼油厂的高温产品管道发生泄漏，引发了大火，严重污染周边环境。

化工园区（化工集中区）内存在高温、高压工艺条件下的生产、储存和反应装置，且原料、产物多为易燃、易爆化学品，在地震剧烈震动下，易使管道或者储罐破裂，致使化学品因摩擦或遇明火后燃烧，引发火灾事故。1964 年，日本发生 7.5 级地震，地震区域内部发生 8 处火灾事故，对新潟地区炼油厂和化工厂造成严重灾害。特别是昭和石油公司新潟炼油厂原油溢出引发的火灾，造成周边的 5 个原油库全部烧毁，大火整整持续 2 个星期，烧毁原油 10 万多吨，储罐一百多个，此次地震造成的火灾事故实属罕见。此外，泄漏的原油也污染了周边的水质。

危险化学品爆炸也是地震造成重要次生灾害类型之一。当园区内存在较多的化学品，且受到地震的影响，就会造成企业内部的设备或者管道发生泄漏，从而引起爆炸。爆炸事故产生的冲击波、热辐射等均会对周边的设备、储罐造成二次事故、人员伤亡以及建筑物倒塌。1994 年，美国加州洛杉矶发生里氏 6.7 级地震，导致 250 多处燃气管道破裂，部分破裂管道遇明火引发爆炸，经济损失高达 2000 亿美元。

地震也可能会造成企业内部的公用设施、基础设施破坏。其中，由于道路阻断、电力中断、建筑倒塌、应急电源无法正常运行等问题都会导致化工事故的进一步升级。1999 年，土耳其发生的地震造成伊兹米特炼油厂消防泵站和供水管道断裂，致使应急水源缺乏，破坏的管道不能够及时处理。最后，该炼油厂只能从伊兹米特海湾抽取海水，才解决了问题。

由于地震震动而诱发一系列新的灾害，如泥石流、海啸等，都会对化工园区或企业造成新的次生灾害或者续发后果。2011 年，日本"3·11"大地震是日本有观测记录以来最大的地震，其引发的海啸也最为严重，引发核泄漏和后续的一系列次生灾害导致地方基础设施大规模瘫痪，并引发火灾爆炸事故。

二、汶川地震对危险化学品企业的影响

2008 年 5 月 12 日，四川汶川发生 8 级特大地震，震区沿龙门山断裂带分布。地震灾区由西南到东北沿彭州、都江堰、汶川、绵竹、北川、青川一线分布。由于汶川地区资源矿产丰富，因此化工厂、黄磷厂等生产企业密集。相关部门震后调研发现灾区大部分化工类企业的装置、储罐等均发生了不同程度的倾斜、变形，造成高危化学品如液氨等发生泄漏或爆炸。有关部门对灾区高危化学品开展隐患排查，共排查 $3 \times 10^4 \ km^2$，化工企业 182 家，其中黄磷厂 7 家、磷肥厂 61 家、其他化工厂 114 家。受灾严重的危险化学品主要包括自燃物品和易燃易爆物品（如黄磷、煤焦油等）、液化毒性气体（如液氨、液氯等），腐蚀品（如硫酸、盐酸等）、毒害品（如重铬酸钠等）。此外，地震造成大量石油企业受损。其中，中石油油库累计受损 47 座，油气田受损气站场 165 个，受损净化厂 1 个，受损输油气管道 71 条，中石油、中石化加油站累计受损 958 座、停业 57 座。初步估计，此次地震造成企业直接经济损失 17.8 亿元人民币。

绵竹华丰磷化工有限公司生产能力约为 $5 \times 10^4 \ t/a$。地震中该厂受到严重的损失，并且由于电力中断，黄磷接触空气，发生大面积自燃，燃烧产生 P_2O_5 等有毒气体随风扩散。四川美丰化工股份有限公司的 $1000 \ m^3$ 储罐因受地震影响，造成阀门接口断裂，致使氨气泄漏 $600 \ m^3$。

三、地震引发危险化学品事故原因分析

化工企业内典型的设备主要有存储有毒有害危险化学品的储罐、塔类和输送管道等。当地震发生时，这些设备容易受到地震纵波、横波和面波三种波形或者这三种复合波形的影响，致使化工设备严重破坏。由于地震纵波的传播速度较快，其表现形式为上下颠簸，化工设

备基础负载成倍增加，若负载超过其承载能力，就会造成储罐、塔器等设备的倒塌。其次来临的是地震横波，地震横波会在水平方向产生一组往复作用力，其表现形式为左右摇晃，易造成法兰和管道连接处扭动，发生泄漏。化工设备左右扭转也可能是地震面波引起，若三种波形同时作用，就会对设备造成更大的破坏。

国内外学者们针对历史上地震对化工设备所造成的破坏形式及破损程度进行了整理分析。国内学者如郝杰锋等通过分析历史上的震害资料，从设计方面探讨了塔类、常压储罐和运输管线等设备的震害形式及原因，并针对不同的设备设施提出相应的抗震预防措施。范喜哲等利用 ANSYS 软件分析了地震作用下罐壁"象足"变形的原因，主要是由于纵向应力超过临界应力而产生局部屈曲破坏，由于反复撞击加大了该作用，致使罐底"象足"变形、罐壁撕裂。柳春光等总结了架空管道的震害表现形式，大多数为支架损坏、本身开裂、管道移位导致垮塌等，并采用等代模量法分析了管道脉动和张拉位移。张钧等分析了地震对管道、储罐的影响，管道受地震的影响主要为地基液化、变形或者地表摇晃引发支撑物倒塌两大原因，针对这两种破坏因素，均提出了抗震措施。穆海艳描述了外浮顶油罐受地震影响的危害为液面晃动、罐壁失稳造成"菱形"或"象足"局部变形、罐底贴角处破坏、连接管道断裂等，使得内部原油外漏。

国外关于这方面也有一定程度的研究。Takuzo Iwatsubo 介绍了1995 年 Hyogoken-Nanbu 震后的工业设备损失情况，如屋顶水罐可能会由于基础螺栓不牢，导致水罐晃动，产生裂缝；油罐则由于地面液化而倾斜；管道则主要集中在连接处发生扭曲变形。Elisabeth Krausmann 等实地考察了 2008 年四川汶川大地震后化工设备的破坏情况，发现新建设施比老旧设备的破坏程度小，一方面可能是由于新建设施建设是根据最新的抗震设计规范，抗震要求有所提高；另一方面，建筑物塌陷后坠落的残骸容易挤压周边的储罐和管道，造成内部物质外泄，储罐内部液体晃动也会造成罐体破裂，而内部储存量越多，震动造成的后果越严重，且地震加速度值越大的地方，房屋倒塌、设备损

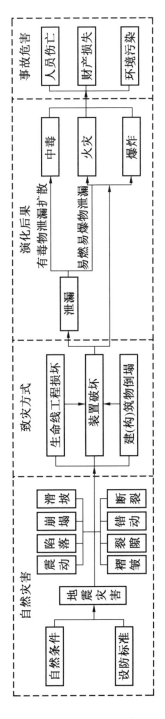

图 6-1 地震引发危险化学品事故致灾演化后果危害图

坏的程度更为严重。Elisabeth Krausmann 等分析了日本东北部里氏 9级地震后的工业设施损坏情况、原因和事故后果：支撑物断裂会造成长径塔器、罐体损伤，甚至直接断裂；化工设备则由于液面晃动、碰撞错位、刚性拉伸发生断裂，致使内部储存物外漏，严重的甚至倒塌。

基于以上的调查研究，地震易对化工园区（化工集中区）中的储罐、塔器和管道造成严重的破坏。对于储罐而言，地震易造成底部"象足"式破坏，罐壁变形、失稳甚至倒塌；其次是储罐与管道的连接处焊接不牢靠，引起焊缝破裂甚至断裂；最后是罐内液体晃动而引起壁面屈曲，致使倒塌。对于塔类设备来说，由于其高径比较大，易造成底部扭动，支撑不稳，严重的致使倒塌。对于管道而言，目前常见的为埋地管道，因此地震对其造成的后果最为严重，而且由于地基失效、大地裂缝等因素，都会使得管道产生裂缝，严重的甚至直接断裂。

化工园区（化工集中区）地震灾害直接作用于装置或间接破坏生命线工程和地面建构物，导致装置内毒物、易燃易爆物的不同程度的泄漏，进而引发化工园区（化工集中区）中毒、火灾、爆炸等一系列多灾种耦合事故后果，造成相应的事故损失。地震引发危险化学品事故致灾演化后果危害图如图 6-1 所示。

第二节　雷电引发危险化学品事故机理研究

雷电是一种剧烈的大气放电现象，其放电过程中产生的强大电流，不仅能使建（构）筑物、储存装置、输电线路等受损，更能够直接导致人员伤亡。参照《雷电灾害应急处置规范》（GB/T 34312—2017），雷电灾害是指由雷电造成的人员伤亡、火灾、爆炸或电气、电子系统等严重损毁，造成重大经济损失或重大社会影响。

一、雷电原理

雷电是自然界中的放电现象，雷雨云中正、负电荷中心之间或云中电荷中心与地表之间的放电过程称为雷电。根据闪电发生的部位，可将闪电分为云闪和地闪。其中，云闪是指不与大地或地物发生接触的闪电；地闪是指云内电荷中心与大地或地物之间的放电过程，也称为云地闪电。生活中雷击事故主要由地闪引起。

在雷暴季节，由于太阳辐射不均而形成空气温差，使大气发生自由对流。在有外界扰动的情况下（如地形抬升、冷空气活动等），局地大气对流运动加强。当大气中有充足水气、强对流时，便可形成雷雨云。雷雨云中正、负电荷形成并分离为不同极性的电荷区，而由此形成电势差。当雷云中电荷集聚电场强度达 $25 \sim 30$ kV/cm 时，空气开始游离，并使地面产生异性感应电荷，异性感应电荷特别易于聚集在地面突出的物体上。当某处的电场强度超过空气可能承受的击穿强度时，就会由雷云形成雷电先导向地面发展。当先导通道的顶端接近地面时，可诱发地面突出物体尖端产生向上发展的迎面先导。当先导与迎面先导会合时，即形成了从云到地面的强烈电离通道，正、负电荷通过电离通道相互中和，出现极大的电流，此即雷电的主放电阶段。主放电阶段结束之后，云中残余电荷经过主放电通道流下来，称为余光阶段，此即完整的放电阶段。完整的雷击过程包括首次雷击和后续雷击，在本书中雷电引发危险化学品事故仅考虑首次雷击。

雷电的危害性主要表现在雷电放电时所产生的各种物理效应，具有很大的破坏力，按其破坏机制可分为热效应、电弧放电效应、电磁效应、静电感应及机械效应等。石油化工企业通常选址建在旷野郊区，高大罐体易成为制高点而遭受雷击。对于储罐装置，主要有直接雷击危险和间接雷击危险两种潜在雷击危险。

二、直接雷击危险分析

直接雷击即雷电直接击中储罐本身及其附件，并通过罐体泄放入地。本章中，直接雷击效应主要考虑雷电的热效应和电弧放电效应。

（一）热效应

雷电的热效应主要来自两个方面：

（1）雷电流在雷击点注入的高密度能量。

（2）雷电流流经金属导体时产生的电阻热。

当雷电梯级先导头部临近金属部件表面适当距离时，梯级先导头部与金属部件表面之间形成使大气中气体粒子电离的强电场，从而在两者之间产生电弧放电现象。当雷电直接击中储罐罐体表面时，在雷电先导和金属板之间的连接点有高密度能量输入，在连接点处会形成热点，若其附近有可燃蒸汽则有引燃的危险。注入热点的热量导致金属构件表面及其附近温度在短时间内急剧升高，对金属构件极易形成电弧热损伤，从而发生金属熔化甚至蒸发现象。金属熔化体积取决于雷电流能量与雷击持续时间。

当雷电击中地面物体之后，雷电流在流经金属导体过程中也会产生集中的欧姆发热现象，使部分金属导体和周围环境温度在短时间内升高。其中部分热量可由金属传导耗散，但雷击时间通常较短，多余的、来不及消散的热量将导致部分金属材料发生熔化、腐蚀甚至蒸发。

若雷电流相对较小或持续时间较短，则不会造成严重的金属板损伤，但产生的热量可能会成为附近可燃物质的引燃源，引起事故发生。若雷电流较大且持续时间较长，则注入金属表面连接点的能量较多，雷电流在流经金属导体时产生的热量较高，而无法及时消散的热量产生的高温会导致金属熔化形成液态熔池，严重时可能会导致金属罐壁击穿，引起事故发生。在雷电保护装置上，常常可以观察到雷击点的热损伤。同时，如果储罐选材或施工环节出现问题，如罐壁接缝处未焊接均匀，遭受雷击时更是增加了损伤泄漏的可能性。因此，当雷击环境存在火灾或爆炸危险时，应评估雷电流流经导体时产生的热量。

（二）电弧放电效应

雷电的电弧放电效应是指雷电击中地面物体之后，雷电流在金属构件传导过程中，发生在金属构件之间因接触不良形成间隙而导致的电弧放电现象。

当雷击电流在金属部件的传导过程中，若金属部件之间未能形成等电位，连接出现了间隙，则会在金属部件的间隙处形成导致空气中气体粒子电离的强电场，致使在金属部件间隙处产生电弧放电现象。

当雷电直接击中储罐浮顶及其附属物时，雷电流会顺着浮顶沿各个方向流向浮顶边缘，通过密封装置流向罐壁，进而通过接地装置向大地泄放。当雷电直接击中储罐罐壁上沿，一部分雷电流会沿罐壁通过接地装置流入地下，一部分也会流经浮顶及密封装置。在雷电流泄放路径中，任何电气不连续处都会形成电势差，妨碍雷电流流向地面。当电势差达到一定程度时，间隙中的空气将会被击穿，以火花或电弧的形式传导电流。若放电火花附近的可燃蒸汽达到一定浓度，间隙处产生的电弧火花所产生的热量足以引燃可燃蒸汽，导致发生火灾。

三、间接雷击危险分析

间接雷击即雷电击中储罐附近的大地或其他结构，其危险因素主要包括雷电的静电感应危害和雷电的电磁感应危害。

雷电的静电感应是指在发生雷击之前，地面上的物体会感应出大量与雷云电荷极性相反的电荷，在雷云对地放电或云间放电时，云层中的电荷迅速消失，罐体上感应出的电荷也会因为失去吸引而通过罐体泄放入地，形成雷电流。同样，此时雷电流向大地的泄放也需要可靠的电气连接。一旦产生间隙，也会形成电弧放电火花。

雷电的电磁感应是指在雷击发生前后，雷电流在极短时间内产生剧烈的变化，使其在周围空间中产生瞬变的强电磁场。在空间变化的电磁场中的物体，不论是导体还是非导体均作切割磁感线运动。由于物体的不同部位切割磁力线的方向及数量不同，因此会在不同部位产生很高的电磁感应电势差，若未进行等电位连接或出现放电间隙，就会产生电弧放电火花。同时，雷电能辐射出几赫兹的极低频率到几千兆赫兹的特高频率的电磁波，轻则干扰信号线、天线等无线电通信，重则损坏仪表设备。电磁辐射会通过耦合的方式对控制室内的线路或者电子元件造成干扰或损坏，在各种管道、线路上感应过电压，造成电子元件干扰或损坏。

若雷电击中储罐附近区域，由于静电感应和电磁感应会导致储罐对于大地和储罐不同部件之间产生感应电动势。当电动势达到一定值，且金属部件之间出现间隙，就会产生电弧放电。如附近有可燃物或到达爆炸极限的可燃蒸汽，则可能会由电弧火花引燃，造成火灾和爆炸事故。

大多数的电子设备损坏主要由间接雷击引起。雷电的电磁脉冲会击坏油库电气仪表、自动化装置、通信线路等信息化设备，导致储罐控制系统、仪表系统发生故障，可能导致各种误操作，引起二次事故的发生。若罐区消防系统、供电系统、供电设备损坏，在发生火灾时，可能会导致灭火系统无法启动，贻误最佳灭火时机，增加救援难度。

四、雷电引发危险化学品事故分析

雷电灾害作为影响化工园区（化工集中区）的典型灾种之一，主要是因为其灾害发生的频率高、瞬时破坏作用大。我国长江以南地区因云层位置偏低，雷电灾害典型高发、广泛分布，造成的影响也最为严重，最长年平均雷暴天数达 100 日以上。化工企业的生产、储运装置经常是连续生产的装置，生产装置中处理或储存着的原料、辅料、半成品和成品大都属易燃有毒物质，因此一旦发生雷击事故，将对生产装置造成致命的破坏，对人员的安全造成严重威胁。如 1989 年，青岛黄岛油库火灾爆炸事故就是由于雷击引发的。

对雷电引发的危险化学品事故的分析表明，存在不同的设备损坏和故障机制。对设施的直接结构损坏主要是由于雷击产生热量造成的，这会导致罐壳体和管线击穿和破裂。如果雷击能量不足以击穿管体，仍可能使管线的阴极防腐系统失效并导致蚀损。数月后这个雷击斑点可能会成为腐蚀和失效的源头。结构部件（如火炬、烟囱）经雷击后若发生坍塌，则在坠落时损坏设备即为造成间接结构损坏。另一种经常低估的间接损坏机制是对电网的雷电冲击，或者对电力控制和安全系统的影响。这些系统（如排放和泄压系统）中断可能导致工艺过程波动以及引发危险物质泄漏。雷雨天气出现后，危险装置运行过程会存在特殊风险。浮顶罐的边缘密封处通常有易燃蒸汽，如果雷电击中罐顶或其附近，可能会被立即点燃。雷电携带的能量也会点燃其他类型设备泄漏的可燃性气体或地面上的泄漏物。因此，火灾是易燃物质遭受雷击的常见后果。事实上，火灾和爆炸是储罐受雷电冲击最常见的结果。尽管大多数雷电引发的危险化学品事故是火灾爆炸，但是也有一些会造成设备密封失效，从而引发危险物质泄漏，造成水体和土壤污染。而且，雷电引发的危险物质泄漏量会很大，Renni等人分析发现几乎 40% 的雷电引发危险化学品事故会造成泄漏量超过 1 t。雷电伴随暴雨时会导致事故更加复杂，可能导致事故收集池满溢或由于水量超出系统容量而从排水系统泄漏的现象。雷电引发危险化学品事故致灾演化后果危害图如图 6-2 所示。

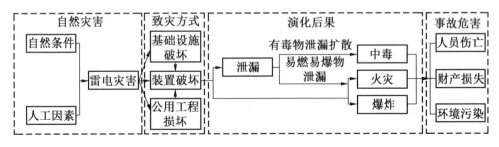

图 6-2　雷电引发危险化学品事故致灾演化后果危害图

第三节　台风引发危险化学品事故机理研究

根据《热带气旋等级》(GB/T 19201—2006)，将热带气旋底层中心附近最大平均风速 32.7~41.4 m/s，最大平均风力 12~13 级划分为台风（TY）；热带气旋底层中心附近最大平均风速在 41.5~50.9 m/s之间，最大平均风力 14~15 级划分为强台风（STY）；热带气旋底层中心附近最大平均风速大于 51.0 m/s，最大平均风力 16 级或以上划分为超强台风（Super TY）。目前，世界上对强热带气旋产生地点的不同，叫法尚未统一。在北太平洋西部一带、国际日期变更线以西生成的热带气旋称为台风，在大西洋或北太平洋东部生成的热带气旋则称为飓风，在南半球生成则称为旋风。台风是地球上破坏力最大的气象灾害，世界上位于太平洋西岸的国家和地区几乎都受到过台风的影响。

台风的形成条件主要为较高的海洋温度与充沛的水汽。在温度较高的热带海域内，如果大气里发生一些扰动，热空气便开始往上升，地面气压降低，外围的空气就源源不绝的流入上升区。当上升空气膨胀变冷，其中的水汽冷却凝成水滴时，要放出热量，这又促使底层空气不断上升，使地面气压下降得更低，空气旋转变得更加猛烈，在这样一种不断增强的失稳过程中就形成了台风。根据最近统计，全球发生的 10 种常见自然灾害中，由台风造成的人员死亡人数约为 50 万人，占全球自然灾害死亡人数的四成。其中，我国南方广大地区饱受西北太平洋低纬度洋面台风、强台风、超强台风灾害活动的频繁影响，平均每年登陆 7 个左右，且大多集中在 5~10 月。我国南海中北部海面已然成了东西方向热带扰动发展成台风相对集中在 4 个海区之一。

台风通常会伴随多种灾害，每种灾害都能对化工装置或危险化学品储存区域带来不利影响。这些灾害包括风暴潮、洪水、风压和大风引发暴雨等，继而破坏岸上建筑。海上设施不仅受到强风影响，还受波浪荷载的影响。由风暴潮和风引起的设备浮动和位移、相应容器和管道连接断裂、短路和停电可能都会导致危险化学品泄漏。暴雨可使罐浮顶倾倒或下沉，从而使罐内物料接触空气，遇到点火源如闪电就会起火。由于风暴潮会导致近海运河或河流水位上升，因此即使不直接位于海岸的装置也会遭受风暴潮的影响。

由台风造成的直接破坏包括储罐壳体变形，工艺装置和罐体倾倒以及罐顶破坏。大型储罐特别是空罐时，可能造成储罐壳体向内坍

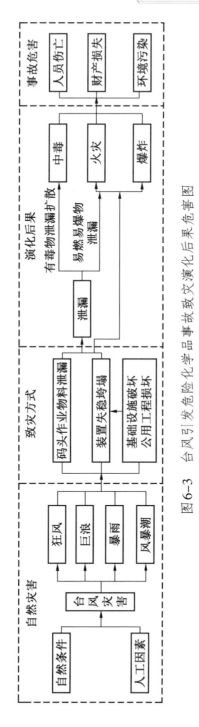

图6-3 台风引发危险化学品事故致灾演化后果危害图

塌，小型储罐可能受到飘移杂物击中的影响导致壳体变形或倾覆。由于台风的抬升力超过顶板重量造成罐顶损坏。对于固定罐顶，台风可能会导致罐顶到壳体的连接处破裂、吹掉顶板、吹走罐顶结构。如果是外浮顶罐，风压会使罐顶上的水发生偏移，从而产生不对称荷载，可能导致罐顶结构破损。台风、风暴潮和海底潮流也会影响海上油气基础设施，从而导致钻井平台固定问题、平台甲板上波浪负载、平台与活动阶梯平台连接断裂以及系泊失败，可能造成无法固定位置，导致海上移动式钻井平台漂浮。

台风对化工园区（化工集中区）的影响主要是剧烈的风速和随台风带来的强烈风暴潮引起设备的浮动和位移、容器和管道连接断裂等从而使危险化学品泄漏。台风引发危险化学品事故致灾演化后果危害图如图 6-3 所示。

第四节　洪水引发危险化学品事故机理研究

一、洪水引发危险化学品事故的危害表现

洪水灾害是世界上最严重的自然灾害之一，洪水灾害波及范围广，来势凶猛，破坏性极大。我国是洪水灾害多发的国家，洪水灾害对我国的经济社会的影响非常大。据统计，我国历年来洪水灾害所造成的人员伤亡及经济损失在各种自然灾害中排行居首位。现代全球气候变化条件下，洪水灾害事件表现出新的特点：在灾害量级上，已远远超过历史的极值，并且发生的频率大幅度增加；在空间分布上，历史上洪水灾害发生概率较小的部分地区也已出现了洪水灾害。极端洪水灾害破坏力极强，往往对社会经济及环境造成极其严重的危害。

随着化工园区的不断建设，一方面促进了石油化工行业与经济的发展，但同时也带来了新的问题。园区内企业数量不断增加，使得园区规模不断扩大，危险源高度集中，事故风险呈现多样性和复杂性。

企业之间相互影响，多米诺效应突出，不仅对环境造成了极大的影响，也给人们的生命、健康和财产带来了巨大的损失。由自然灾害引发工业事故灾害国际上称为 Na-Tech（Natural and Technological disasters）事件。其中，洪水是 Na-Tech 事件的主要自然灾害之一。洪水灾害化工事故是指由洪水灾害导致化工装置破坏失效，并进一步诱发火灾、爆炸、毒气泄漏和环境污染的灾害事故。由于大部分化工生产对供水、供电、供气、交通、通信等系统的依赖较大，一旦公用工程系统遭受洪水的袭击损坏，也极易间接造成危险化学品次生的火灾、爆炸、毒气泄漏和环境污染的灾害事故。洪水灾害导致的化工事故作为一种高冲击低概率事件（HILP，High-Impact and Low-Probability），一旦发生，往往导致大于传统的由化工过程装置失效或人为因素导致的事故后果。

二、洪水对化工生产的影响

化工事故诱发因素可大致归为两大类：一类是自然灾害因素；另一类是人为灾害因素。洪水灾害化工事故属于典型的由自然灾害因素引起的化工事故。根据灾害能量转移理论，能量不可控是能量意外释放的主因。事故屏蔽措施失效，如化工装置结构破坏失效就会导致能量不正常的释放与转移，从而引发事故灾害。根据能量观点，自然灾害能量转移原理如图 6-4 所示。

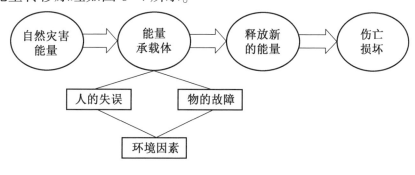

图 6-4　灾害能量转移原理

由于洪水灾害具有巨大的破坏能量，并且会以不同的方式对不同的对象进行作用，因此常常诱发包括化工事故灾害在内的各类工业事故灾害。根据灾害能量转移原理，洪水灾害造成的化工事故主要破坏作用方式为冲击、水渍、水平垂直震动等；具体作用对象包括城市生命线系统（电力、水利、通信等）、建筑物、化工装置在内的各类工业装置；具体的破坏能量主要包括电能、化学能、热能、机械能等；诱发的化工灾害事故主要有火灾、爆炸、中毒等。根据以上分析，洪水灾害化工事故灾害能量转移机理如图 6-5 所示。

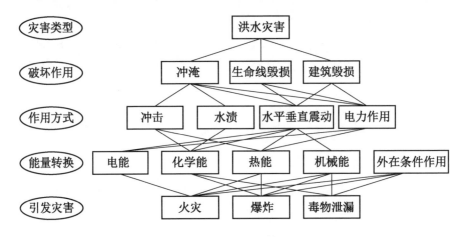

图 6-5　洪水灾害化工事故灾害能量转移机理

一种灾害爆发后诱发出一系列其他灾害的现象叫灾害链，自然灾害通常属于典型的灾害链。根据灾害链理论，洪水灾害化工事故的形成与发展是一个典型的链式过程，是一个以洪水灾害诱发作为外因与化工装置破坏失效作为内因共同作用的链式过程。台风、地震、暴雨等自然灾害往往诱发洪水灾害，多种自然灾害常常同时或连续的在同一地区发生，形成多灾种耦合作用，从而易导致储罐及周围环境构成的系统或化工园区（化工集中区）或危险化学品企业的防洪、防涝、抗震能力下降，整体脆弱性变大，进一步诱发化工事故的发生。洪水灾害诱发化工事故的形成与发展作为一种典型的灾害链，危害巨大且持续时间长。一灾多果，连锁反应，灾害后果严重。洪水灾害化工事故的灾害链式反应特征如图 6-6 所示。

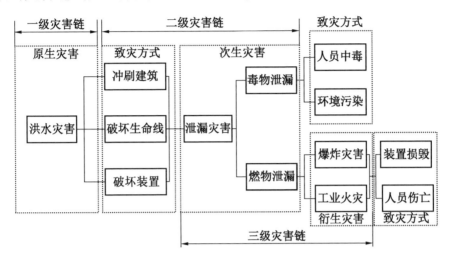

图 6-6　洪水灾害化工事故的灾害链式反应特征

三、洪水灾害下化工事故数据统计

目前我国生产安全事故数据库建设还比较落后，存在数据结构设计简单、所涵盖事故数量少、信息不完整等诸多问题。因此，本书选择欧洲的 ARIA、FACTS、MARS、MHIDAS 和美国的 PSID 等事故数据库作为主要数据来源，并参考国外相关事故研究报告，对洪水灾害化工事故数据进行统计。在 272 起事故案例中只有 38 起事故案例描述了洪水特征信息。其中，18 起事故信息包括洪水的高度，仅有 2 起事故提及洪水速度，分别为 2.32 m/s 和 3.2 m/s。18 起事故的洪水高度中，洪水高度大于 1 m 的 10 起（55%），洪水高度大于 0.5 m 小于 1 m 的 5 起（28%），这说明洪水需达到一定高度才更易诱发化工事故。

根据对 157 起事故统计，洪水灾害最易诱发环境污染事故，包括水体污染（60%）和土壤污染（11%）；其次为火灾事故，占 17%，主要形式包括池火灾、闪火和喷射火；爆炸和毒气泄漏扩散所占比例较小，均为 6%。结合事故数据信息对洪水灾害下各种事故情景进行概述。

（一）环境污染事故

环境污染事故主要包括水体污染和土壤污染。传统化工事故中，泄漏物质通过大气、水体、土壤、地下水等不同途径进入环境，造成环境的不同程度的污染。洪水灾害化工事故与传统化工事故引发的环境污染有许多共同点，但由于诱发事件的不同，洪水灾害化工事故导致的环境污染具有自身的特点。洪水灾害提供大量的水作为反应介质，同时洪水具有的高度流动性为泄漏物质与水或其他泄漏物质间发生反应创造了良好的条件，因此该类事故将比传统化工事故更为复杂。此外，洪水冲击作用往往导致各类防范措施失效。因此，相对传统化工事故，该类事故中泄漏物质进入环境途径更加广泛，物质形态也更加多样化。事故中泄漏物本身或反应物将随着洪水的蔓延在园区内部甚至园区外大范围扩散，从而造成大面积的水体污染。因此，该类化工事故导致的环境污染范围更广，没有明显的区域限制。以2002年夏天发生在捷克共和国的一起洪水灾害化工事故为例，由于洪水浮力及冲击作用，比尔森州一家人造纤维厂的液氯储罐直接漂浮在水面，并摧毁了管道系统，造成 80 t 液氯和 10 t 氯气泄漏。该事故导致周围的植物和农田被破坏或直接摧毁，经济损失惨重。

（二）火灾事故

火灾事故主要包括池火灾、闪火、喷射火。易燃易爆物质的存在是火灾、爆炸事故发生的物质基础。导致洪水、泥石流灾害中火灾、爆炸事故发生的易燃易爆物主要来源于两种情况：一是化工装置破坏失效，危险性物质泄漏；二是泄漏物质与洪水或其他物质反应所产生。洪水、泥石流冲击作用往往导致防火堤、隔堤等防护措施失效，因此发生的池火灾往往属于室外池火灾。由于火灾发生在开放环境中，空气供应充足，泄漏物质燃烧比较完全，生成有毒、有害气体和烟尘较少，因此事故造成的后果通常较为轻。

（三）爆炸

主要为蒸汽云爆炸（VCE），少数发生密闭空间爆炸。VCE 发生后的破坏作用包括爆炸冲击波、热辐射对周围人员、物体伤害。如果泄漏物质本身、泄漏物质与水或泄漏物质之间反应生成的反应物形成弥漫空间的云状可燃性气体混合物，遇火源并达到爆炸极限情况下，在开放空间就会发生 VCE。如果泄漏物质在密闭空间内积聚，则发生密闭空间爆炸。以 2007 年墨西哥的一起化工事故为例，化工园区内一家炼油厂排水系统中的废油在洪水作用下处于漂浮状态，在供热系统的加热下引发了火灾。另外一家化工厂内化学品泄漏并与洪水发生反应生成氢气，并渗入具有爆炸危险的装置，引发氢气爆炸，直接摧毁了整个化工厂。

（四）毒气泄漏扩散

通过对洪水灾害化工事故统计分析可知，洪水灾害化工事故易导致氯气、氨气、氰化物等有毒物质泄漏生成有毒蒸汽云，在无点火源情况下，在空气中飘移、扩散，可能会引起泄漏现场及附近的人员伤亡和环境污染。洪水灾害过程中大多伴随较大的风力，毒气泄漏扩散事故发生后，有毒的气体会在风力的作用下扩散传播到几千米之外，导致周围人群大面积的中毒。由于事故中气象环境特殊，因此该类事故中毒气扩散产生的后果可能更加严重。

由以上分析可知，化工园区（化工集中区）内受洪水灾害影响的作用对象以化工装置、生命线系统及建筑物为主。洪水灾害化工事故导致破坏失效的装置设备类型广泛，失效形式多样，事故情景复杂，事故后果严重。根据国外的事故数据库中统计的事故数据显示，洪水灾害最易导致储罐破坏失效，洪水灾害作用下破坏失效化工设备分类如图 6-7 所示。272 起事故案例中破坏失效储罐数为 338 个，占 75%，无论数量和占比均远远超过其他破坏失效设备；其次为管道，失效数

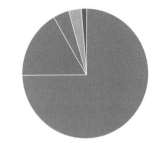

■储罐 ■管道 ■压缩机 ■泵 ■锅炉

图 6-7 洪水灾害作用下破坏失效化工设备分类

量为 77 个，占比 17%；最后为压缩机（4%）、泵（3%）和锅炉（1%）。

在 272 起事故案例中洪水引发化工装置失效的结构破坏形式有关信息 57 项，具体如图 6-8 所示。其中"储罐支座/连接处失效"占比超过 40%，通过部分事故的描述可知该类结构破坏主要来源于卧式圆柱形储罐支座失效。其次为管道断裂失效，洪水冲击过程中与管道连接的各类装置容易发生移位现象，因此导致管道断裂失效数量较多。再者是浮顶失效，洪水冲击引发储罐频率锁定或浮力作用下导致浮顶变形、浮顶支座失效、转动浮梯故障等失效。考虑到洪水的冲击作用及化工装置自身应力，化工装置发生整体倒塌的情况较少。其中，R1、R2、R3 三种释放类型分别为存储物的瞬间完全释放、大直径破裂孔或外壳破裂导致的持续快速释放、小直径破裂孔导致的轻微泄漏。洪水引发危险化学品泄漏物质统计结果见表 6-1，与石油、柴油和汽油相关的事故起数和占比（154 起，77%）远远高于与其他泄漏物质相关的事故。图 6-7 中储罐在洪水灾害下破坏失效的设备中占比为 75%，而储罐是原油、成品油、中间产品等石油化工原料以及产品的重要存储设备，因此两者的统计结果吻合。

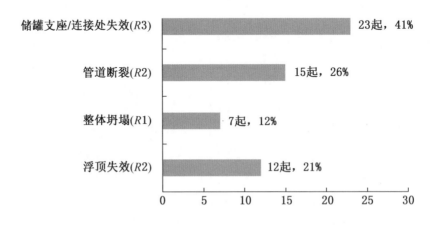

图 6-8　洪水引发化工装置失效的结构破坏形式

表6-1　洪水引发危险化学品泄漏物质统计结果

物质	特征或危害	事故起数
氯气	毒气泄漏、环境污染	3
石油、柴油和汽油	易燃、环境污染	154
氰化物	毒性、环境污染	5
炸药	与水剧烈反应	3
酸性物质	毒性、环境污染	7
乙炔钙	与水反应产生易燃气体	3
液态烃	易燃、环境污染	16
氰化物	与水剧烈反应	5
氨	毒性、环境污染	5

综上所述，洪水引发化工事故的形成与发展是一个以洪水灾害诱发作为外因与化工装置破坏失效作为内因共同作用的链式过程。洪水灾害化工事故除了导致传统化工事故常见的火灾、爆炸、毒气泄漏等事故外，还可能引发严重的环境污染。由洪水灾害导致的破坏失效装置统计可知，洪水灾害最易导致储罐、管道破坏失效。洪水通过浮力和阻力不仅可影响单个设备，也能影响整个危险装置。由于洪水造成设备浮动脱离基础以及随后因水阻力而发生的位移会使储罐与管道连接变形或破裂，从而导致危险物泄漏。如果储罐没有固定，这对于空罐是重要问题。虽然空罐本身并不引发直接事故风险，但如果罐开始漂浮并且移动，则存在与现场其他设备发生碰撞的风险。如果洪水的力量足够高，可能会导致罐坍塌或内爆，从而导致装置中危险物泄漏。电气设备进水后发生断电或短路也可能会影响工艺和存储条件，间接引发 Na-Tech 事件。

还有一种危险物质泄漏的重要方式是随洪水一起流动的浮动杂物对敏感设备的冲击影响。尽管在出现河流洪水期间水流速度通常较低，但一些流动汽车或船只也可能对危险设施造成很大破坏。在发生洪水时，杂物是导致管道破裂的一个重要原因。在河口，河床经洪水侵蚀和冲刷可以掀起埋地管道，破坏管道基础，使管道遭受杂物撞击和水压。另外，如果管道破坏长度过长，可能会由于管道不受支撑而断裂。

第五节　泥石流引发危险化学品事故机理研究

泥石流是指在山区或者其他沟谷深壑、地形险峻的地区，因为暴雨、暴雪或其他自然灾害引发的山体滑坡并携带有大量泥沙以及石块的特殊洪流。它是山区一种突发的自然灾害，多发生在新构造运动强烈、地震强度较大的山区沟谷中。泥石流常常具有暴发突然、来势凶猛、迅速之特点，并兼有崩塌、滑坡和洪水破坏的双重作用，其危害程度往往比单一的滑坡、崩塌和洪水的危害更为严重。伴随着洪水的发生，将造成土地的水力侵蚀，诱发重力侵蚀，产生水土流失、泥石流、滑坡及岩崩等自然灾害。泥石流是介于流水与滑坡之间的一种地质作用，主要产于山区河谷或山坡地带，富含粉砂及黏土。在适当的地形条件下，大量水体浸透山坡或河床中的固体堆积物质，使其稳定性降低，饱含水分的固体堆积物在自身重力作用下发生运动，即成泥石流。由于泥石流中泥、沙、石块等土粒物质含量高，流体浓稠，黏性强，因而致使泥石流具有惯性强、搬运力大、破坏力强和分选性差等特征。

一、泥石流的形成条件

泥石流的形成需要具备特定的地理、气象等环境背景条件，一般由三个主要因子控制，包括地形地貌条件、物质来源和水源。其中物源和地形条件被称作孕灾环境，水源被称作致灾因子。在孕灾环境明确的条件下，一个地区发生泥石流与否主要取决于降雨条件。

（1）地形地貌条件。山高沟深，地形陡峻，沟谷较长，汇水面积大，河床纵坡降大，流域形状便于水流汇集等。

（2）松散物质来源条件。泥石流常发生于地质构造复杂、断裂褶皱发育、地震烈度较高的地区以及崩塌、滑坡、岩堆群落地区。当岩石破碎、风化程度强时，易成为泥石流固相物质的补给源。另外，一些人类工程活动，如滥伐森林造成水土流失，开山采矿、采石弃渣等，往往也为泥石流提供大量的物质来源。

（3）水源条件。水既是泥石流的重要组成部分，又是泥石流的诱发条件和搬运介质。泥石流的水源有暴雨、雨雪融水及水库（湖）溃决水体等。我国泥石流的水源主要是暴雨及长时间的连续降雨，其强度与暴雨强度密切相关。

通过以上分析可知，泥石流所造成的灾害与损失与暴雨洪水及其他洪泛形态的洪水造成的灾害成因上相关，后果上相似。因此，可以认为泥石流是洪水的一种伴生灾害，它与一般洪水的区别是泥石流的泥沙含量大于洪流，泥石流中含有足够数量的泥沙石等固体碎屑物，其体积含量在 15%~80%。由于泥石流的形成与地形地貌条件密切相关，因此在化工园区选址阶段已规避土崩、断层、泥石流等不良地质地区。目前，已知的 Na-Tech 事故案例中也几乎没有与泥石流灾害相关的化工园区工业事故记录。

二、泥石流对化工园区（化工集中区）和危险化学品企业的危害

泥石流对化工园区（化工集中区）和危险化学品企业的危害主要是摧毁危险化学品企业及其相关联的公用工程设施，淤埋、伤害企业人员，造成停工停产，甚至报废。泥石流还可造成危险化学品装置设施的破坏，从而引发次生的危险化学品火灾、爆炸、毒气泄漏等灾害事故。

2011 年 7 月 3 日，四川省阿坝州茂县南新镇棉簇村发生特大泥石流灾害，当地鑫盐化工有限公司、西烨硅业、天和硅业厂区 3 家企业和 20 余户农户房屋被泥石流冲毁，8 人失去联系。鑫盐化工有限公司同时发生氯气泄漏，造成 143 人中毒。2016 年 7 月 20 日，湖北省恩施崔家坝镇境内川气东送天然气管道因泥石流发生破裂爆燃，造成 2 人死亡。

三、泥石流在我国的分布

泥石流是山区特有的一种突发性地质灾害，是发生在山地沟谷中或斜坡上的一种由大量泥沙石块和水组合而成的流体灾害。泥石流灾害是地质、地貌、水文、气象、土壤、植被等自然因素和人为因素综合作用的结果，是山地环境恶化的产物。泥石流具有发生突然、来势凶猛、历时短暂、大范围淤积、破坏力强等特点。我国是一个多山地国家，山地面积广阔，约占全国总面积的 70%，又多处于季风气候区，降水集中，新构造运动强烈，断裂构造发育，地震活动频繁，地形复杂，从而为泥石流形成及活动提供了条件，使我国成为世界上泥石流最发育、分布最广、数量最多、危害最严重的国家之一，特别是我国的西南地区尤甚。近年来，由于生态环境破坏严重，我国泥石流的发生与造成的灾害呈日趋严重的趋势。

我国泥石流分布范围极大，但泥石流灾害严重的集中区域都具有相当明显的规律性。我国泥石流的分布，大体上以大兴安岭—燕山山脉—太行山山脉—巫山山脉—雪峰山山脉一线为界。该线以东，即我国地面最低一级阶梯的低山、丘陵和平原，泥石流分布零星；该线以西，即我国地面第一、二级阶梯，包括广阔的高原、深切割的极高山、高山和中山区，是泥石流最发育、最集中的地区。泥石流沟群常呈带状或片状分布。泥石流的分布虽然具有多种规律和特征，但一个地区的泥石流发育与各种因素的组合和叠加相关。地域的不同，其泥石流的发育分布特征也不尽相同。

第六节 化工园区多灾种耦合事故作用机理

一、多灾种耦合关系作用机理

(一) 化工园区多灾种耦合关系定义
多灾种耦合关系通常指复杂的系统活动过程中，不同致灾因子之间相互作用、相互影响的现象。它是指化工园区（化工集中区）可能遭遇的各类自然灾害及其诱发的工业事故之间的耦合链式关系，是化工园区（化工集中区）范围内及其周边区域各类灾害链的总称。自然灾害致灾因子作用于园区系统，与园区内各承灾体相互作用，造成系统内各类危险源失效，引发火灾、爆炸、毒物泄漏等工业事故，从而使园区系统发生一系列的变化，最终形成后果严重的灾害链系统。

（二）化工园区多灾种耦合关系的形成机理

自然灾害及工业事故的发生发展是由多种内外因素相互作用的结果。结合灾害学理论，分析化工园区（化工集中区）多灾种耦合链式关系中各类致灾因子及承灾体间的综合作用关系，形成三个不同的阶段。

（1）自然灾害链阶段。自然灾害致灾因子相互影响，使得单一灾害变为复杂的自然灾害链系统。

（2）Na-Tech事件阶段。自然灾害作用于危险化学品承灾体，使原承灾体产生变化，发生工业事故。

（3）多米诺效应阶段。工业事故进一步作用于周边新的承灾体，从而产生新的致灾因子，形成多米诺效应。

三个阶段组成化工园区（化工集中区）多灾种耦合链式关系，其形成机理如图6-9所示。化工园区（化工集中区）内任意多灾种耦合关系 H，可以通过系统内致灾因子与承灾体之间的相互作用关系表示：

$$H=f\left[e(N_l),\ o(B_p),\ e(T_m),\ o(D_q)\right] \tag{6-1}$$

式中　$e(N_l)$——致灾因子，l 为自然数，表示自然灾害致灾因子种类，如台风灾害及其带来的暴雨、风暴潮等；

　　　$o(B_p)$——自然灾害作用于危险化学品承灾体，p 为自然数，表示化工园区（化工集中区）所有承灾体，如罐区、仓库等；

　　　$e(T_m)$——新的致灾因，m 为自然数，表示工业事故灾害种类，如火灾、爆炸等；

$o(D_q)$——工业事故进一步作用于周边新的承灾体，q 为自然
数，表示失效设备周边的承灾体。

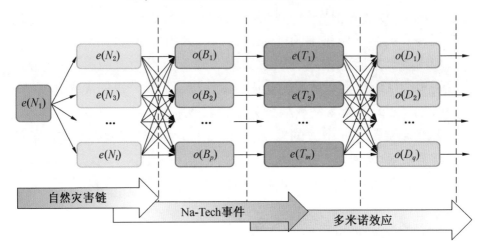

图6-9 化工园区（化工集中区）多灾种耦合链式关系形成机理

化工园区（化工集中区）生产、储存有大量的易燃、易爆及有
毒危险物质。在自然灾害作用下，各类承灾体发生失效并相互影响，
极易诱发火灾、爆炸及毒物泄漏等工业事故，使得灾害后果进一步扩
大。自然灾害链、Na-Tech 事件、多米诺效应三个阶段相继发生，会
对化工园区（化工集中区）及其周边系统造成严重破坏。

（三）化工园区多灾种耦合关系的特点

化工园区多灾种耦合关系主要有放大效应、长链效应、可降低性
三个特点。

（1）放大效应。三个致灾阶段的逐次发生会导致化工园区（化
工集中区）及其周边区域在短期内持续受到打击，园区内部部分功
能失效，应急等防御系统的作用大幅度下降，促进多米诺事故的发
生，系统放大效应明显。

（2）长链效应。通常来说，具有三个以上节点的灾害链就称之
为"长链"。化工园区（化工集中区）危险源众多，设施承灾体受到
自然灾害影响，极易发生 Na-Tech 事件及多米诺效应，进一步影响

事故周边承灾体,使得园区灾害链被放大、延长。

(3)可降低性。化工园区(化工集中区)危险源集聚,灾害及事故发生时,若处理不及时会产生放大效应。提升园区在预测、预警、应急等方面的能力,对危险节点预先防控,对园区多灾种耦合链式网络断链减灾具有关键作用,可明显降低灾害及事故后果的影响。

二、多灾种耦合事故链式演化过程

自然灾害引发的多灾种耦合事故链式演化过程可以分为自然灾害链式演化过程和工业事故链式演化过程。综合考虑多灾种耦合事故各要素,从自然灾害链、目标单元致损过程、后续的多米诺效应事故等方面对其演化关系进行分析,如图6-10所示。

(一)自然灾害链式演化过程

研究自然灾害引发的多灾种耦合事故首先要从自然灾害链的角度出发。能够诱发多灾种耦合事故的自然灾害可划分为地质灾害、气象灾害、气候灾害、水文灾害四类。巨灾往往是由多灾种耦合作用生成,研究多灾种耦合事故风险需要对多灾种风险进行综合分析,即不仅要识别、分析、量化、对比不同自然灾害及其破坏作用,还要关注灾种之间的相互作用。其中,地质灾害与地质灾害,地质灾害与气象灾害,地质灾害与水文灾害,气象灾害与水文灾害之间均可能存在触发关系,构成自然灾害链。可通过灾害链式效应关系模型对灾害链概率进行定量计算。自然灾害引发的各类致灾因子是导致工业事故的直接原因,且数量类别众多,破坏作用机理复杂,多灾种耦合事故中自然灾害设备易损性分析是探究自然灾害向工业事故演绎过程的核心。

(二)工业事故链式演化过程

自然灾害频率、致灾因子类型、致灾因子强度是分析自然灾害设备易损性的重要参数;致损设备类别、致损模式、致损概率是分析致损单元的重要参数。当自然灾害致灾因子强度超过设备抗性参数,会导致设备结构损坏,可通过自然灾害作用下设备易损性模型进行致损概率求解。危险物质泄漏后,遇着火源发生火灾爆炸,着火概率可通

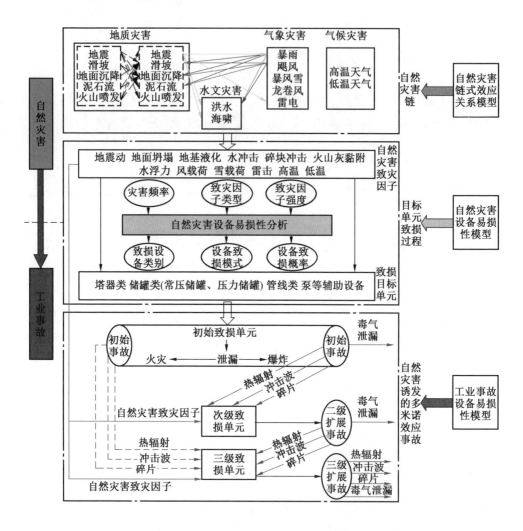

图 6-10   自然灾害引发的多灾种耦合事故链式演化过程

过事故统计、事件树、Bow-tie 模型等方法进行分析。关于多米诺效应事件已有学者进行了大量研究，设备致损概率是通过工业事故设备易损性模型进行计算。但是 Na-Tech 事件中的多米诺效应事故比常规多米诺效应事故更复杂，初始事故中很可能存在多事故单元，次级单元不仅受到来自初始致损单元的致灾因子（热辐射、冲击波、碎片）作用，也受到自然灾害因子的影响。多致灾因子耦合作用使结构承受更大、更复杂的作用力，因此设备越容易失效。目前，自然灾害因子与工业事故因子耦合作用鲜有研究。此外，致损单元还会受到致灾因子空间上的协同效应与平行效应，时间上的叠加效应的影响，即在多灾种耦合事故中，致损单元间存在关联的情形下，灾情往往不是各致灾因子在空间上的简单叠加，而要充分考虑各致灾因子对设备的综合影响，进行有机结合。

附录一 名 词 解 释

1. 化工园区（化工集中区）

依法设立的以危险化学品生产、储存企业（包括纳入危险化学品使用安全许可范围的企业）为主的工业园区或者相对集中的专门区域。

2. 普查底图

以高分辨率卫星影像数据标定化工园区（化工集中区）和企业的地理信息的图像，普查过程中可以直接提取全国范围化工园区（化工集中区）和企业矢量数据，并在其上丰富化工园区（化工集中区）和企业等相关信息。

3. 普查软件平台

由应急管理部统一组织开发，在内外业普查时可充分利用移动终端上的平台程序开展普查工作，实现危险化学品自然灾害承灾体的自动定位、数据普查的标准化录入。

4. 危险化学品自然灾害承灾体

在地震、雷电、洪水、台风/大风、泥石流/滑坡等自然灾害的作用下，造成危险化学品火灾、爆炸、毒物泄漏等次生灾害事故，主要对象为化工园区（化工集中区）以及危险化学品企业。

5. 滑坡

斜坡上的岩体或土体在自然或人为因素的影响下沿带或面滑动的地质现象。

6. 泥石流

发生于山区沟谷或坡面，由降雨、融冰、溃决、人为因素等触发的携带大量泥沙、石块或巨砾等固体物质的洪流。

7. 抗震设防烈度

按国家规定的权限批准作为一个地区抗震设防依据的地震烈度。一般情况，取 50 年内超越概率 10% 的地震烈度。

8. 抗震设防分类

根据建筑物遭遇地震破坏后，可能造成人员伤亡、直接和间接经济损失、社会影响的程度及其在抗震救灾中的作用等因素，对各类建筑所做的设防类别划分。

附录二 常见问题解答

1. 危险化学品自然灾害承灾体调查的目标是什么？

掌握翔实准确的全国危险化学品自然灾害承灾体空间分布及灾害属性特征，掌握受自然灾害影响的化工园区（化工集中区）和危险化学品的数量、分布、设防水平等底数信息，建立承灾体调查成果地理信息系统（GIS）数据库。最终为非常态应急管理、常态灾害风险分析和防灾减灾、空间发展规划、生态文明建设等各项工作提供基础数据和科学决策依据。

2. 危险化学品自然灾害承灾体调查的工作原则是什么？

（1）统一部署，分级实施。省级政府相关部门统一组织，县级政府相关部门负责实施，充分发挥基层部门的作用。省级政府相关部门统一组织编制实施方案和进度计划，落实实施管理和监督责任，监督检查调查质量和进度，建立调查成果数据库。

（2）因地制宜，构建体系。充分利用好各地已有的信息系统，统一数据指标体系，建立全国危险化学品自然灾害承灾体数据库平台。

（3）先试点后全部。调查工作首先在试点地区开展，试点完成后，根据试点反映出的相关问题对调查方式和内容进行修改完善后，在全国范围内全面开展。

（4）在地原则。当企业注册地和危险化学品生产储存场所不同时，或者当一个企业有多个储存场所隶属于不同行政区域时，按照"在地原则"进行调查。

3. 危险化学品自然灾害承灾体调查范围是什么？

危险化学品自然灾害承灾体调查以县为基本单位，调查范围为在建或建成的化工园区（化工集中区）和处于园区内的所有企业，以及未处于化工园区（化工集中区）的危险化学品企业。

危险化学品企业主要指取得安全许可或港口经营许可或燃气经营许可的企业。安全许可主要指应急管理部门核发的危险化学品安全生产许可证、危险化学品经营许可证、危险化学品安全使用许可证。

使用危险化学品且构成重大危险源并备案的非化工企业，按照危险化学品企业的要求进行调查。如食品加工企业使用液氨（构成重大危险源）、钢铁企业使用液氧（构成重大危险源）的，也按照危险化学品企业进行调查。

在完成上述化工园区（化工集中区）、危险化学品企业调查的基础上，各地可根据本地区危险化学品产业类型以及调查能力（人力物力财力）大小，自行组织对未处于化工园区（化工集中区）的白酒企业、烟花爆竹企业以及陆上石油天然气开采等企业的调查。

不含仓储的危险化学品票据经营企业等，不在调查范围之内。

运输（包括铁路、道路、水路、航空、管道等运输方式）企业，不在调查范围之内。

已经停产关闭的危险化学品企业，不在调查范围之内。

4. 危险化学品自然灾害承灾体调查的目的是什么？

调查结果可为基层安全生产、应急管理、减灾能力评估、灾害风险评估提供可靠的本底数据。调查结果亦可为地区规划和发展石油化工产业提供可靠的数据支持。

5. 危险化学品自然灾害承灾体调查，哪些专业技术人员可以参与调查？

从事危险化学品或者石油化工安全的专业技术人员，经培训合格后，可以参与危险化学品自然灾害承灾体调查。

6. 未经认定的化工园区（化工集中区），按照什么处理？

如果该园区经过县级以上人民政府设立，不论该园区是否经过认定，都需要填写《化工园区基本情况调查表》（附录三）。

存在以下任一情况未经认定的化工园区（化工集中区），则不需

要填写《化工园区基本情况调查表》(附录三):

（1）该园区四至范围不清，即没有明确的四至边界。

（2）该园区内危险化学品企业少于2家（含2家）。

7. 当企业实际抗震烈度、防洪值与设计（标准）值不一致时，填写哪个?

填写企业实际抗震烈度、防洪值。例如，某企业根据当地的地质条件，标准规范要求此类企业设计抗震烈度应为8度，而企业实际抗震烈度为7度。则在系统中填写"7度"。

8.《加油加气加氢站基础信息调查表》填报范围是哪些?

依据《汽车加油加气加氢站技术标准》(GB 50156—2021)，加油加气加氢站指的是为机动车加注车用燃料，包括汽油、柴油、LPG、CNG、LNG、氢气和液氢的场所，是加油站、加气站、加油加气合建站、加油加氢合建站、加气加氢合建站、加油加气加氢合建站的统称。依据《加氢站技术规范（2021 年版)》(GB 50516—2010)，加氢站指的是为氢燃料电池汽车或氢气内燃机汽车或氢气天然气混合燃料汽车等的储氢瓶充装氢燃料的专门场所。

9. 化工园区（化工集中区）位于工业园区内，属于工业园区的一部分（作为其中一个区块），在填报时是填报整个园区的，还是填报化工片区的?

当化工园区（化工集中区）非独立存在，而是以"园中园"甚至是"园中园"套在"园中园"时，仅统计化工园区（化工集中区）内的企业。各指标项内容以化工园区（化工集中区）这一子（孙）园区层级的数据为准。若部分指标（如供水、供电等）无法从化工园区（化工集中区）这一子（孙）园区层级获得，可从整个工业园区层级获得所需的填报数据。

附录三　化工园区基本情况调查表

_____省（自治区、直辖市）_____地（市、州、盟）_____县（区、市、旗）

行政区划代码：□□_□□_□□

填报单位（盖章）：

指　标　名　称	计量单位	代码	填报信息
一、园区概况	—	—	—
园区名称	（文字说明）	01	
详细地址	（文字说明）	02	
园区设立时间	（年/月）	03	
园区认定情况	（单选）	04	
园区四至范围内近10年发生泥石流（含滑坡）次数	次	05	
园区内企业数量	家	06	
园区内危险化学品企业数量	家	07	
①危险化学品生产企业数量	家	08	
②危险化学品经营（储存）企业数量	家	09	
③使用危险化学品从事生产的化工企业数量	家	10	
④除①②③三类之外的其他企业	家	11	
二、供配电	—	—	—
电源路数	路	12	
公用变电站数量	个	13	
园区电厂数量	个	14	
三、给排水	—	—	—

（续）

指　标　名　称	计量单位	代码	填报信息
供水能力	10^4 t/d	15	
用水负荷	10^4 t/d	16	
污水处理能力	10^4 t/d	17	
最大污水排放量	10^4 t/d	18	
园区公共事故应急池	m^3	19	
四、应急救援	—	—	—
园区是否有应急救援和指挥信息平台	（是/否）	20	
是否有专职的危险化学品应急救援队伍	（是/否）	21	
公用管廊是否进行统一管理	（是/否）	22	

单位负责人：　　　　　　　　统计负责人：　　　　　　　填表人：

联系电话：　　　　　　　　　报出日期：　　年　月　　日

说明：

一、填报说明

（1）填报范围：化工园区（化工集中区）填写本表。

（2）填报主体：由化工园区管委会或县级应急管理部门填写。

二、指标解释

（1）园区设立时间：××年××月。

（2）园区认定情况：①已认定（认定时间：××年××月）；②未认定。是否经过认定，以各省（自治区、直辖市）公布的认定名单为准。

（3）园区四至范围内近10年发生泥石流（含滑坡）次数：如无法统计近10年，则统计有记录以来的历史。

（4）园区内企业数量：化工园区（化工集中区）区域内所有企业（含规划在建企业）计入统计。

（5）园区内危险化学品企业数量：化工园区（化工集中区）区域内取得安全许可或港口经营许可或燃气经营许可的企业数量。

（6）危险化学品生产企业数量：化工园区（化工集中区）区域内取得危险化学品安全生产许可证的企业数量。

（7）危险化学品经营（储存）企业数量：化工园区（化工集中区）区域内仓储危险化学品的经营企业和危险化学品储存企业（如国家石油储备库）的数量。危险化学品生产企业在其厂区范围内销售本企业生产的危险化学品的企业除外。

（8）使用危险化学品从事生产的化工企业数量：化工园区（化工集中区）区域内取得危险化学品安全使用许可证的化工企业数量。

（9）电源路数：统计由上一级变电站接入园区公用变电站的电源路数，不统计公用变电站到企业的电源路数。

（10）园区电厂数量：如无园区电厂，请填"0"。

（11）供水能力：园区水厂或者园区外水厂向园区提供的最大供水能力。

（12）用水负荷：包含规划在建企业的用水负荷。

（13）污水处理能力：污水处理单位的处理能力，不包含危险化学品企业自身的污水处理能力。

（14）最大污水排放量：园区内所有企业（含规划在建企业）最大污水排放量之和。

（15）园区公共事故应急池：园区建设的用于事故状态下的公共事故应急池，不包含企业自身的事故应急池。如无园区公共事故应急池，请填"0"。

（16）公用管廊是否进行统一管理：园区公共管廊是否统一由一个部门/公司进行管理。公共管廊的范围参照《化工园区公共管廊管理规程》(GB/T 36762—2018)。

三、逻辑关系

（1）指标06≥指标07。

（2）指标07值=指标08值+指标09值+指标10值+指标11值。

（3）指标15≥指标16。

附录四　企业基础信息调查表

_____省（自治区、直辖市）_____地（市、州、盟）_____县（区、市、旗）

行政区划代码：□□_□□_□□

填报单位（盖章）：

指 标 名 称	计量单位	代码	填报信息
一、基本概况	—	—	—
企业名称	（文字说明）	01	
全国统一社会信用代码	（文字说明）	02	
详细地址	（文字说明）	03	
是否位于化工园区	［是（园区名称)/否］	04	
开业（成立）时间	（年/月/日）	05	
建设状态	（单选）	06	
最大当班人员数	人	07	
企业类型	（单选）	08	
危险化工工艺类型	（多选）	09	
安全生产标准化等级	（单选）	10	
重大危险源辨识情况	（多选+数字）	11	
二、企业防灾减灾能力概况	—	—	—
设计抗震烈度	（单选）	12	
防洪标准	年（重现期）	13	
是否双电源供电	（是/否）	14	
是否双回路供电	（是/否）	15	
应急电源及功率	kW	16	
事故应急池	m³	17	

（续）

指 标 名 称	计量单位	代码	填报信息
蒸汽来源	（单选）	18	
是否有危险化学品专职消防队	（是/否）	19	
三、自企业建成之日起自然灾害次生危险化学品事故数量	—	—	—
其中：雷击	次	20	
地震	次	21	
洪水	次	22	
台风/大风	次	23	
泥石流（含滑坡）	次	24	

单位负责人：　　填表人：　　联系电话：　　报出日期：　年　月　日

说明：

一、填报说明

（1）填报范围：化工园区（化工集中区）内所有企业、未处于化工园区（化工集中区）的危险化学品企业（指取得安全许可或港口经营许可或燃气经营许可的企业）填写本调查表，加油加气加氢站除外。

（2）填报主体：由化工园区（化工集中区）区内各企业、未处于化工园区的危险化学品企业填写。

（3）统计时间：调查数据截至 2020 年 12 月 31 日。

二、指标解释

（1）是否位于化工园区：如果位于化工园区（化工集中区），选择"是"，并填写园区名称（园区名称应与附录三中所填名称完全一致）；否则，选"否"。

（2）建设状态：①已投产；②在建。

（3）最大当班人员数：一个班次的生产人员、办公行政管理人员、后勤人员、其他非生产人员等人员数量的总和。例：企业生产人员 120 人（三班倒），办公行政管理人员 50 人，后勤人员 20 人，销售、长期外委的承包商作业人员、临时工等其他非生产人员 15 人，则最大当班人数为 $120 \div 3 + 50 + 20 + 15 = 125$ 人。

（4）企业类型：①危险化学品生产企业；②仓储危险化学品的经营企业；③危险化学品储存企业（如国家石油储备库）；④使用危险化学品从事生产的化工企业；⑤使用危险化学品从事生产经营的非化工企业；⑥其他。

（5）危险化工工艺类型：①硝化工艺；②氧化工艺；③磺化工艺；④氯化工艺；⑤氟

化工艺；⑥加氢工艺；⑦重氮化工艺；⑧过氧化工艺；⑨聚合工艺；⑩裂解（裂化）工艺；⑪烷基化工艺；⑫光气及光气化工艺；⑬电解工艺（氯碱）；⑭合成氨工艺；⑮胺基化工艺；⑯新型煤化工工艺；⑰电石生产工艺；⑱偶氮化工艺；⑲无。

（6）安全生产标准化等级：①一级；②二级；③三级；④未创建。

（7）重大危险源辨识情况：①无；②一级__个；③二级__个；④三级__个；⑤四级__个。按照《危险化学品重大危险源辨识》（GB 18218—2018）进行辨识，判断企业是否存在构成重大危险源的单元以及重大危险源等级和个数。

（8）设计抗震烈度：①6度；②7度；③8度；④9度；⑤9度以上。填写生产和储存区域Ⅱ类（乙类）设施所设计的最小抗震烈度。

（9）防洪标准：以企业实际设防情况为准，以重现期的年数计，可以是固定值，也可以是一个区间范围值。如无法确定实际设防情况，则填写设计设防情况。

（10）是否双电源供电：由2个或2个以上电源供电，则选"是"；否则，选"否"。

（11）是否双回路供电：由2个或2个以上回路供电，则选"是"；否则，选"否"。

（12）应急电源及功率：如无应急电源，该项请填写"0"。

（13）事故应急池：企业自身的事故应急池，如无事故应急池，该项请填写"0"。

（14）蒸汽来源：①无；②自产；③外购；④自产+外购。

（15）自企业建成之日起自然灾害次生危险化学品事故数量：如无，该项请填写"0"。

（16）台风/大风：该项统计极值风速≥17.2 m/s的所有情况。

附录五　重大危险源企业危险源
信 息 台 账 表

_____省（自治区、直辖市）_____地（市、州、盟）_____县（区、市、旗）

行政区划代码：□□_□□_□□

填报单位（盖章）：

序号	生产单元或储存单元	化学品名称	种类	设计温度	设计压力	数量	存在形式
	（文字说明）	（文字说明）	（单选）	℃	kPa	t	（文字说明）
	01	02	03	04	05	06	07
1	单元 1	化学品 1					
		化学品 2					
		…					
2	单元 2	化学品 1					
		化学品 2					
		…					
…	…						
n	单元 n						

单位负责人：　　　填表人：　　　联系电话：　　　报出日期：　年　月　日

说明：

一、填报说明

（1）填报范围：化工园区（化工集中区）内和园区外构成重大危险源的企业填写本报表。具体为涉及危险化学品重大危险源的危险化学品生产、储存企业，以及使用危险化学品从事生产经营的企业。

（2）填报主体：由构成重大危险源的企业填写。

（3）统计时间：调查数据截至 2020 年 12 月 31 日。

（4）其他：生产单元或储存单元的名称和数量，以及每个单元涉及的危险化学品的种类和数量，应与企业的安全评价报告或重大危险源安全评估报告相一致。当设计量与实际量不一致时，按照本企业设计量进行填报。

二、指标解释

（1）生产单元或储存单元：参照《危险化学品重大危险源辨识》（GB 18218—2018）将企业划分为不同单元，单元名称和数量应与企业的安全评价报告或者重大危险源安全评估报告相一致。

（2）种类：参照《化学品分类和标签规范》（GB 30000）和《危险货物分类和品名编号》（GB 6944—2012）填报。选项如下：①第 1 类 爆炸品；②第 2 类 2.1 项 易燃气体；③第 2 类 2.2 项 非易燃无毒气体；④第 2 类 2.3 项 毒性气体；⑤第 3 类 易燃液体；⑥第 4 类 4.1 项 易燃固体、自反应物质和固态退敏爆炸品；⑦第 4 类 4.2 项 易于自然的物质；⑧第 4 类 4.3 项 遇水放出易燃气体的物质；⑨第 5 类 5.1 项 氧化性物质；⑩第 5 类 5.2 项 有机过氧化物；⑪第 6 类 6.1 项 毒性物质；⑫第 6 类 6.2 项 感染性物质；⑬第 7 类 放射性物质；⑭第 8 类 腐蚀性物质；⑮第 9 类 其他。当有多种危险性时，选填最大的危险性属类，如爆炸品≥毒性气体>易燃气体>易燃液体>易燃固体。

（3）设计温度：可以是固定值，也可以是区间范围值。

（4）设计压力：可以是固定值，也可以是区间范围值。

（5）数量：本项填写质量单位"t"。如企业日常按照体积进行管理，请按照本企业重大危险源辨识结果转化为质量进行填报。

（6）存在形式：生产单元可以填写反应器类型、蒸馏塔类型等；储存单元可以填写甲（乙、丙）类仓库、储罐类型等。各企业根据本企业实际情况填写，不局限于举例说明。

三、逻辑关系

序号 n 的值等于附录四中指标 11（重大危险源辨识情况）各级重大危险源数量之和。

附录六　加油加气加氢站基础信息调查表

_____省（自治区、直辖市）_____地（市、州、盟）_____县（区、市、旗）

行政区划代码：□□_□□_□□

填报单位（盖章）：

指标名称	计量单位	代码	填报信息
企业名称	（文字说明）	01	
全国统一社会信用代码	（文字说明）	02	
详细地址	（文字说明）	03	
是否位于化工园区	［是（园区名称)/否］	04	
开业（成立）时间	（年/月/日）	05	
企业类型	（单选）	06	
等级划分	（单选）	07	
安全生产标准化等级	（单选）	08	
总容积（量）	（多选+数字）	09	
储罐类型	（单选）	10	

单位负责人：　　　填表人：　　　联系电话：　　　报出日期：　年　月　日

说明：

一、填报说明

（1）填报范围和主体：加油站、加气站、加氢站以及合建站等企业填写本报表。填报范围按照《汽车加油加气加氢站技术标准》(GB 50156—2021)、《加氢站技术规范（2021年版)》(GB 50516—2010)填报。

建议加油站由商务部门组织填报；加气站由燃气管理部门组织填报；加油加气合建站由商务部门和燃气管理部门联合组织，应急管理部门配合商务部门、燃气管理部门工作；加氢站由应急管理部门组织填报；加氢加油合建站由应急管理部门和商务部门联合组织填报；加氢加气合建站由应急管理部门和燃气管理部门联合组织填报。

（2）统计时间：调查数据截至 2020 年 12 月 31 日。

二、指标解释

（1）是否位于化工园区：如果位于化工园区（化工集中区），选择"是"，并填写园区名称（园区名称应与附录三中所填名称完全一致）；否则，选"否"。

（2）企业类型：①加油站；②LPG 加气站；③CNG 加气站；④LNG 加气站、L-CNG 加气站、LNG 和 L-CNG 加气合建站；⑤加氢站；⑥加油加气合建站；⑦加氢加油合建站；⑧加氢加气合建站；⑨加油加气加氢合建站。

（3）等级划分：①一级；②二级；③三级。按照《汽车加油加气加氢站技术标准》（GB 50156—2021）、《加氢站技术规范（2021 年版）》（GB 50516—2010）要求进行填报。

（4）安全生产标准化等级：①一级；②二级；③三级；④未创建。

（5）总容积（量）：①油罐总容积____ m³；②气罐总容积____ m³；③储氢罐总容量____ kg。气罐总容积指的是 LPG 储罐、CNG 储气设施、LNG 储罐总容积之和。在计算加油站、加油加气合建站、加氢加油合建站的总容积时，柴油罐容积折半计入油罐总容积。

（6）储罐类型：①埋地；②地上；③埋地+地上。

三、逻辑关系

（1）若指标 06（企业类型）填①加油站时，则指标 09［总容积（量）］只填写①油罐总容积____ m³。

（2）若指标 06（企业类型）填②LPG 加气站③CNG 加气站④LNG 加气站、L-CNG 加气站、LNG 和 L-CNG 加气合建站任一时，则指标 09［总容积（量）］只填写②气罐总容积____ m³。

（3）若指标 06（企业类型）填⑤加氢站时，则指标 09［总容积（量）］只填写③储氢罐总容量____ kg。

（4）若指标 06（企业类型）填⑥加油加气合建站时，则指标 09［总容积（量）］应填写①油罐总容积____ m³ 和②气罐总容积____ m³ 两项。

（5）若指标 06（企业类型）填⑦加氢加油合建站时，则指标 09［总容积（量）］应填写①油罐总容积____ m³ 和③储氢罐总容量____ kg 两项。

（6）若指标 06（企业类型）填⑧加氢加气合建站时，则指标 09［总容积（量）］应填写②气罐总容积____ m³ 和③储氢罐总容量____ kg 两项。

（7）若指标 06（企业类型）填⑨加油加气加氢合建站时，则指标 09［总容积（量）］应填写①油罐总容积____ m³②气罐总容积____ m³③储氢罐总容量____ kg 三项。

附录七 ××省/市/县危险化学品企业调查工作报告和成果分析报告

1 概述

1.1 任务来源及目标任务

1.1.1 调查目标

1.1.2 对象与范围

1.1.3 任务及主要内容

1.2 ××省/市/县化工园区概况

应介绍本区域内化工园区（化工集中区）的数量、认定情况，并介绍每个化工园区（化工集中区）的地理位置、发展概况、园区产业规划等。

1.3 ××省/市/县未处于化工园区的危险化学品企业概况

简要介绍企业的数量、地理位置、类型（生产、储存、使用）等。该项不包括加油加气加氢站。

1.4 调查队伍组成情况（省级可不写）

2 自然条件和自然灾害类型（省级可不写）

2.1 自然条件

应包括气候条件（气温、降水、风况、气压、雷电等）、地震烈度、地质地貌、航道水文等。

2.2 自然灾害类型

自然灾害类型以及近30年（或有统计数据以来）的历史自然灾害事故等。

3 化工园区基本情况

3.1 园区概况

园区企业数量、园区内危险化学品企业数量、供配电、给排水、应急救援等，除了《化工园区基本情况调查表》(附录三) 统计的内容外，还可以补充园区社会环境、交通环境等信息。

3.2 危险有害因素辨识

"两重点一重大"（重点监管的危险化工工艺、重点监管的危险化学品、重大危险源）辨识，应尽可能详细。可以按照企业名称和化学品名称对应查找。

当有多个化工园区（化工集中区）时，应按照园区分别介绍。

4 企业（加油加气加氢站除外）情况

4.1 园区内企业

4.2 未处于园区内的危险化学品企业

4.3 企业设防达标情况

4.1 和 4.2 应介绍企业的基本概况、企业防灾减灾能力概况、自企业建成之日起自然灾害次生危险化学品事故数量、重大危险源企业危险源信息等，具体数据参照《企业基础信息调查表》(附录四)、《重大危险源企业危险源信息台账表》(附录五) 填报情况。

当有多个化工园区（化工集中区）时，应按照园区分别介绍；当有多个未处于园区的危险化学品企业时，按照市/县行政区域分别介绍。

5 加油加气加氢站除外情况

加油加气加氢站总数，各类型数量、各等级数量、各类型的每个等级数量，安全生产标准化等级情况。其他信息可以以图或表的形式表达。

省级和市级的报告，应按照不同行政区域分别介绍。

6 结论与建议

6.1 结论

总结评估取得的认识和结论（成果、质量、服务、效益、设防不达标企业等）。

6.2　建议

给出化工园区（化工集中区）和危险化学品企业自然灾害防治建议。

参 考 文 献

[1] 中华人民共和国国家质量监督检验检疫总局，中国国家标准化管理委员会.
GB 32100—2015 法人和其他组织统一社会信用代码编码规则 [S]. 北京：
中国标准出版社，2015.

[2] 中华人民共和国住房和城乡建设部. GB 50223—2008 建筑工程抗震设防分
类标准 [S]. 北京：中国建筑工业出版社，2008.

[3] 中华人民共和国住房和城乡建设部. GB 50011—2010 建筑抗震设计规范
（2016 年版）[S]. 北京：中国建筑工业出版社，2010.

[4] 中华人民共和国住房和城乡建设部. GB 50191—2012 构筑物抗震设计规范
[S]. 北京：中国计划出版社，2012.

[5] 中华人民共和国国家质量监督检验检疫总局，中国国家标准化管理委员会.
GB 18306—2015 中国地震动参数区划图 [S]. 北京：中国标准出版社，
2016.

[6] 中华人民共和国国家质量监督检验检疫总局，中国国家标准化管理委员会.
GB 6944—2012 危险货物分类和品名编号 [S]. 北京：中国标准出版社，
2012.

[7] 国家市场监督管理总局，国家标准化管理委员会. GB 18218—2018 危险化
学品重大危险源辨识 [S]. 北京：中国标准出版社，2018.

[8] 中华人民共和国国家质量监督检验检疫总局，中国国家标准化管理委员会.
GB 30000 化学品分类和标签规范 [S]. 北京：中国标准出版社，2014.

[9] 中华人民共和国住房和城乡建设部，中华人民共和国国家质量监督检验检
疫总局. GB 50201—2014 防洪标准 [S]. 北京：中国标准出版社，2015.

[10] 中华人民共和国住房和城乡建设部. GB/T 50805—2012 城市防洪工程设
计规范 [S]. 北京：中国计划出版社，2012.

[11] 中华人民共和国住房和城乡建设部. GB 50156—2021 汽车加油加气加氢
站技术标准 [S]. 北京：中国计划出版社，2021.

[12] 中华人民共和国住房和城乡建设部. GB 50516—2010 加氢站技术规范
（2021 年版）[S]. 北京：中国计划出版社，2021.

[13] 中华人民共和国国家质量监督检验检疫总局. GB/T 23955—2009 化学品
命名通则 [S]. 北京：中国标准出版社，2010.

［14］中华人民共和国住房和城乡建设部 . GB 50057—2010 建筑物防雷设计规范［S］. 北京：中国计划出版社，2011.

［15］中华人民共和国国土资源部 . DZ/T 0220—2006 泥石流灾害防治工程勘察规范［S］.

［16］中华人民共和国住房和城乡建设部 . GB 50187—2012 工业企业总平面设计规范［S］. 北京：中国计划出版社，2012.

［17］中华人民共和国住房和城乡建设部 . GB 50984—2014 石油化工工厂布置设计规范［S］. 北京：中国计划出版社，2014.

［18］国家市场监督管理总局，国家标准化管理委员会 . GB/T 36762—2018 化工园区公共管廊管理规程［S］. 北京：中国标准出版社，2018.

［19］中华人民共和国住房和城乡建设部 . GB/T 50483—2019 化工建设项目环境保护工程设计标准［S］. 北京：中国计划出版社，2020.

图书在版编目（CIP）数据

危险化学品自然灾害承灾体调查 / 国务院第一次全国自然灾害综合风险普查领导小组办公室编著 . -- 北京：应急管理出版社，2021

第一次全国自然灾害综合风险普查培训教材

ISBN 978-7-5020-9148-4

Ⅰ.①危… Ⅱ.①国… Ⅲ.①化工产品—危险物品管理—技术培训—教材 Ⅳ.①TQ086.5

中国版本图书馆 CIP 数据核字（2021）第 243287 号

危险化学品自然灾害承灾体调查

（第一次全国自然灾害综合风险普查培训教材）

编　　著	国务院第一次全国自然灾害综合风险普查领导小组办公室
责任编辑	曲光宇
编　　辑	孔　晶
责任校对	李新荣
封面设计	罗针盘

出版发行　应急管理出版社（北京市朝阳区芍药居 35 号　100029）
电　　话　010-84657898（总编室）　010-84657880（读者服务部）
网　　址　www.cciph.com.cn
印　　刷　北京盛通印刷股份有限公司
经　　销　全国新华书店

开　　本　710mm×1000mm¹/₁₆　**印张**　$7\frac{3}{4}$　**字数**　95 千字
版　　次　2021 年 12 月第 1 版　2021 年 12 月第 1 次印刷
社内编号　20211055　　　　　　**定价**　29.00 元